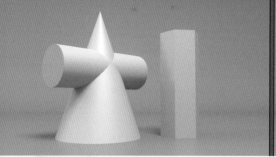

2.2.2实例：制作石膏模型

2.3.1实例：制作汤勺模型

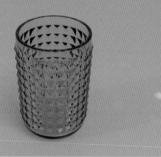

2.3.2实例：制作杯子模型

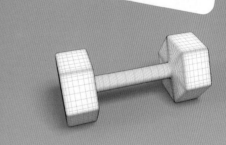

2.3.3实例：制作哑铃模型

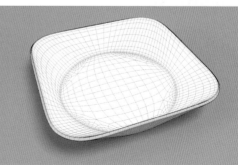

2.3.4实例：制作方盘模型

2.3.5实例：制作方瓶模型

2.3.6实例：制作咖啡杯模型

2.3.7实例：制作足球模型

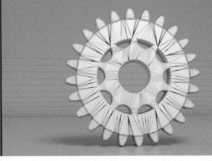

3.2.2实例：制作齿轮模型

3.2.3实例：制作酒杯模型

3.2.4实例：制作花瓶模型

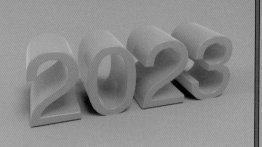

3.2.5实例：制作立体文字模型

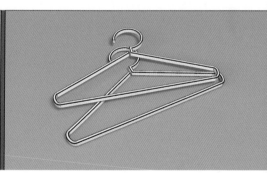

3.2.6实例：制作衣架模型

4.2.2实例：制作产品照明效果　　　4.2.3实例：制作室内天光照明效果

4.2.4实例：制作室内阳光照明效果　　　4.2.5实例：制作天空照明效果

5.2.2实例：锁定摄像机

5.2.3实例：制作景深效果

6.3.3实例：制作玻璃材质

6.3.4实例：制作金属材质

6.3.5实例：制作玉石材质

6.3.6实例：制作陶瓷材质

6.4.1实例：制作凹凸材质

6.4.2实例：制作渐变色材质

6.4.3实例：使用"标准材质"制作图书材质

6.4.4实例：使用"UV纹理编辑器"制作图书材质

7.3 综合实例：卧室天光表现

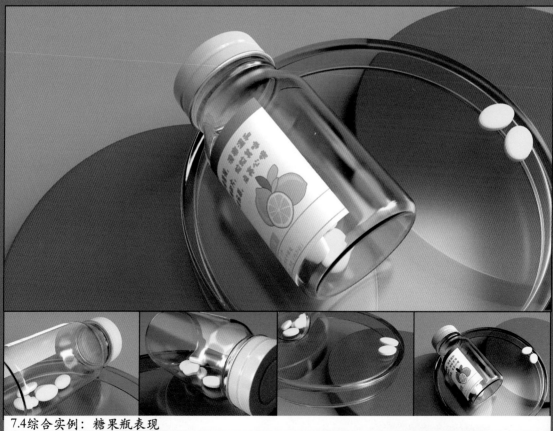

7.4 综合实例：糖果瓶表现

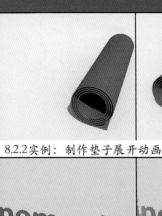

8.2.2实例：制作垫子展开动画

8.2.3实例：制作文字消失动画

8.2.4实例：制作文字旋转动画

8.2.5实例：制作风扇旋转动画

8.3.1实例：制作蝴蝶飞舞动画

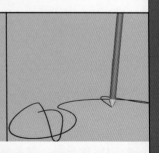

8.3.2实例：制作铅笔画线动画

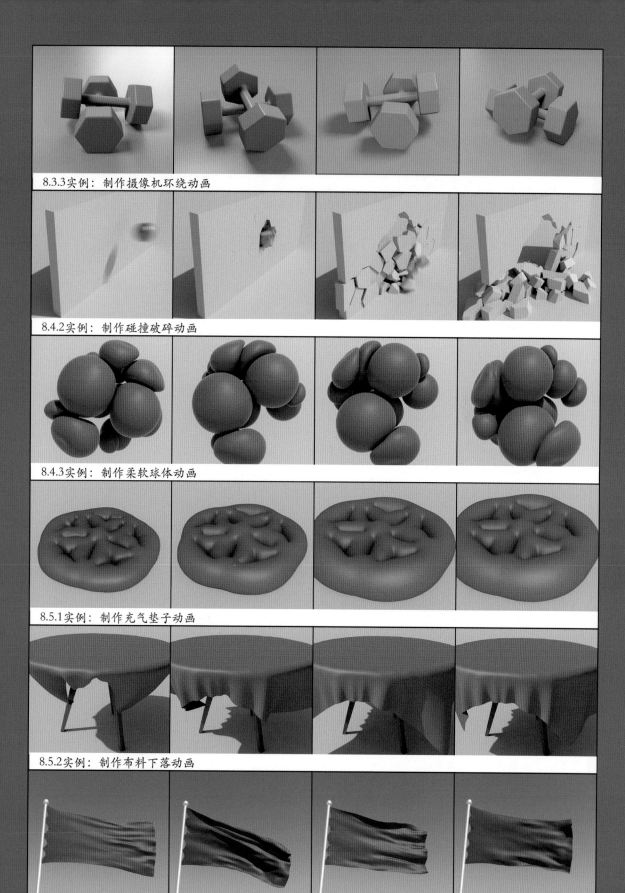

8.3.3实例：制作摄像机环绕动画

8.4.2实例：制作碰撞破碎动画

8.4.3实例：制作柔软球体动画

8.5.1实例：制作充气垫子动画

8.5.2实例：制作布料下落动画

8.5.3实例：制作小旗飘动动画

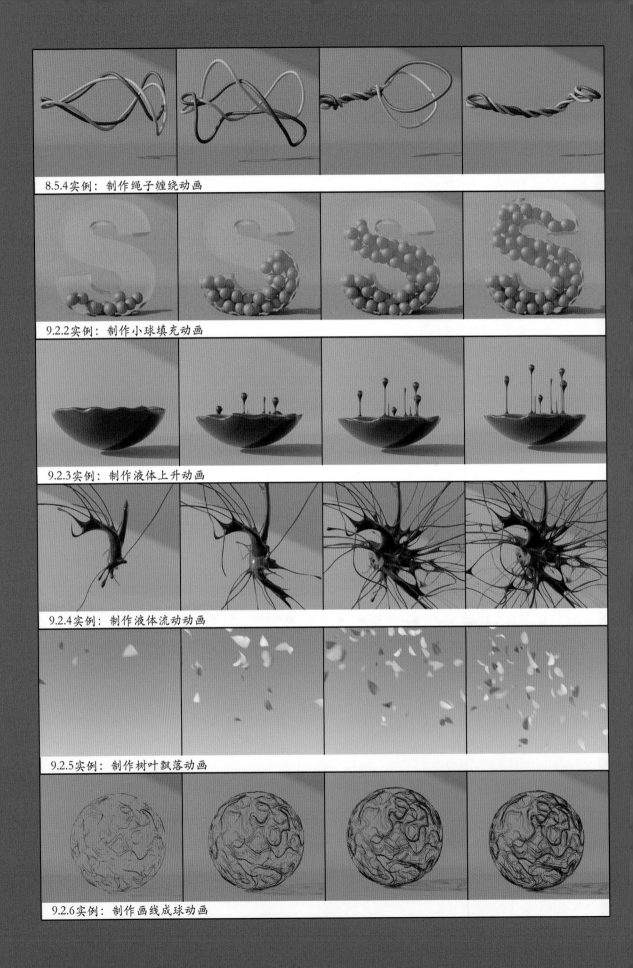

8.5.4实例：制作绳子缠绕动画

9.2.2实例：制作小球填充动画

9.2.3实例：制作液体上升动画

9.2.4实例：制作液体流动动画

9.2.5实例：制作树叶飘落动画

9.2.6实例：制作画线成球动画

来阳 / 编著

从新手到高手

Cinema 4D 2023
从新手到高手

清华大学出版社

北京

内 容 简 介

本书是一本讲解如何使用中文版Cinema 4D 2023软件来进行三维动画制作的技术书籍。全书共9章，包含软件的界面组成、模型制作、灯光技术、摄像机技术、材质贴图、渲染技术、动画特效和粒子系统等一系列三维动画制作技术。本书结构清晰、内容全面、通俗易懂，各章均设计了相对应的实用案例，并详细阐述了制作原理及操作步骤，注重提升读者的软件实际操作能力。另外，本书附带的教学资源内容丰富，包括本书所有案例的工程文件、贴图文件和多媒体教学录像，便于读者学以致用。

本书适合作为高校和培训机构动画专业的相关课程培训教材，也可以作为广大三维动画爱好者的自学参考用书。

图书在版编目 (CIP) 数据

Cinema 4D 2023 从新手到高手 / 来阳编著 . —北京：清华大学出版社，2024.4
（从新手到高手）
ISBN 978-7-302-66004-0

Ⅰ. ① C… Ⅱ . ① 来… Ⅲ . ① 三维动画软件 Ⅳ . ① TP391.414

中国国家版本馆 CIP 数据核字 (2024) 第 069250 号

责任编辑：陈绿春
封面设计：潘国文
版式设计：方加青
责任校对：胡伟民
责任印制：曹婉颖

出版发行：清华大学出版社
    网 址：https://www.tup.com.cn，https://www.wqxuetang.com
    地 址：北京清华大学学研大厦 A 座   邮 编：100084
    社 总 机：010-83470000   邮 购：010-62786544
    投稿与读者服务：010-62776969，c-service@tup.tsinghua.edu.cn
    质 量 反 馈：010-62772015，zhiliang@tup.tsinghua.edu.cn
印 装 者：三河市君旺印务有限公司
经 销：全国新华书店
开 本：188mm×260mm 印 张：11 插 页：4 字 数：345 千字
版 次：2024 年 5 月第 1 版 印 次：2024 年 5 月第 1 次印刷
定 价：79.00 元

产品编号：105001-01

目前主流的4大三维动画软件为3ds Max、Maya、Cinema 4D和Blender，究竟学习哪一个软件更好，是学生们常常向我提出的问题。在这里我给出我自己的看法。

这4个三维软件我都使用过，也都出版过相关的图书。从我个人的使用经验来说，这4个软件各有特色，都非常优秀。最重要的一点是，无论先学习哪一个三维软件，再学习其他三个软件都会有似曾相识的感觉，很快就会得心应手起来。也就是说当我们使用三维软件进行创作时，制作的原理是一样的。例如，当我要制作一个高脚杯时，在3ds Max里使用的命令是"车削"，在Maya里使用的命令是"旋转"，在Cinema 4D里使用的命令也是"旋转"，在Blender中使用的命令则叫"螺旋"，虽然这些命令的名称不一样，但是使用方法是一样的，不仅在建模环节上，在材质、灯光和动画环节的制作上也都是这样。我个人觉得先学习哪一个软件，一是看自己所学专业先开设了哪个软件的课程，那么就先学习这个软件，二是看自己的个人喜好，自己对哪一个软件感兴趣，对哪一个软件的认可度高一点，就学习这个软件。在我看来，三维软件只掌握一个是不够的，因为越来越多的项目都需要多个软件相互配合使用，协同工作，随之，掌握了多个软件的人才也会被更多的公司所欢迎，所以先学习哪一个都可以。

从我个人的角度来讲，由于我有多年的3ds Max工作经验，使得我后来再学习Maya、Cinema 4D和Blender的时候感觉非常亲切，一点儿也没有感觉自己在学习另一个全新的三维软件。

中文版Cinema 4D 2023软件相较于之前的版本来说更加成熟、稳定。本书共9章，分别从软件的基础操作到中、高级技术操作进行深入讲解，当然，有基础的读者可按照自己的喜好直接阅读自己感兴趣的章节来进行学习制作。

写作是一件快乐的事情，在本书的出版过程中，清华大学出版社的编辑老师为图书的出版做了很多工作，在此表示感谢。由于本人的技术能力限制，本书难免有些许不足之处，还请读者朋友们海涵雅正。

本书的工程文件及视频教学文件请扫描下面的二维码进行下载，如果有技术性问题，请扫描下面的技术支持二维码，联系相关人员进行解决。如果在配套资源下载过程中碰到问题，请联系陈老师，联系邮箱：chenlch@tup.tsinghua.edu.cn。

工程文件

视频教学

技术支持

来　阳

2024年3月

CONTENTS 目 录

第8章　动画技术

第9章　粒子动画

第1章
熟悉中文版 Cinema 4D 2023

1.1
中文版 Cinema 4D 2023 概述

随着科技的更新和时代的进步，计算机应用已经渗透至各行业的发展工作中，它们无处不在，俨然已经成为了人们工作和生活中无法取代的重要电子产品。多种多样的软件技术配合不断更新换代的计算机硬件，使得越来越多的可视化数字媒体产品飞速融入人们的生活中来。越来越多的艺术专业人员也开始使用数字技术来进行工作，诸如绘画、雕塑、摄影等传统艺术学科也都开始与数字技术融会贯通，形成了一个全新的学科，交叉创意工作环境。

中文版Cinema 4D 2023是德国公司Maxon Computer出品的专业三维动画软件，也是国内应用最广泛的专业三维动画软件之一，旨在为广大三维动画师提供功能丰富、强大的动画工具来制作优秀的动画作品。通过对该软件的多种动画工具组合使用，会使场景看起来更加生动，角色看起来更加真实，其内置的动力学技术模块则可以为场景中的对象进行逼真而细腻的动力学动画计算，从而为三维动画师节省大量的工作步骤及时间，极大地提高动画的精准程度。图1-1所示为Cinema 4D 2023的软件启动显示界面。

图1-1

1.2
中文版 Cinema 4D 2023 的应用范围

中文版Cinema 4D 2023可以为产品展示、建筑表现、园林景观设计、游戏、电影和运动图形的设计人员提供一套全面的 3D 建模、动画、渲染以及合成的解决方案，应用领域非常广泛。图1-2和图1-3所示为使用该软件所制作出来的一些三维图像作品。

图1-2

图1-3

1.3
中文版 Cinema 4D 2023 的工作界面

学习使用中文版Cinema 4D 2023时，首先应熟悉软件的操作界面与布局，为以后的创作打下基础。图1-4所示为中文版Cinema 4D 2023软件打开之后的界面截图。

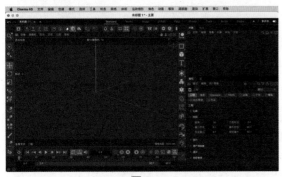

图1-4

技巧与提示 ✦

本书实例基于macOS版本的中文版Cinema 4D 2023进行编写，该版本的界面及使用技巧与Windows版本几乎没有任何区别。

1.3.1 快速启动对话框

打开软件后，中文版Cinema 4D 2023会自动弹出"快速启动对话框"，如图1-5所示。我们可以在该对话框中查看最近的工程文件，以及在线查找软件的新功能和教程。

图1-5

1.3.2 菜单栏

中文版Cinema 4D 2023软件的菜单栏位于软件界面上方，包含有该软件的命令分门别类地整理在不同的类别之中，如图1-6所示。

Cinema 4D	文件	编辑	创建	模式	选择	工具	样条	网格	体积	运动图形	角色	动画	模拟	跟踪器	渲染	扩展	窗口	帮助

图1-6

1.3.3 视图

中文版Cinema 4D 2023为用户提供了多个视图来进行三维创作，默认状态下，我们打开软件后，软件界面只显示一个视图，即"透视视图"，如图1-7所示。按下鼠标中键后，软件会切换至四视图显示状态，如图1-8所示。

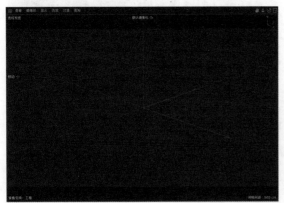

图1-7

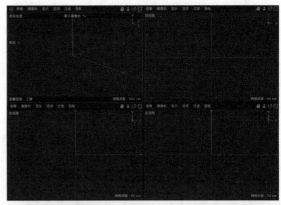

图1-8

1.3.4 工作区

"工作区"可以理解为多种窗口、面板以及其他界面选项根据不同的工作需要而形成的一种排列方式，中文版Cinema 4D 2023为用户提供了多种工作区的显示模式，这些不同的工作区在三维艺术家进行不同种类的工作时非常好用，如图1-9～图1-12所示为Standard（标准）、UVEdit（UV编辑）、Script（脚本）和Nodes（节点）工作区的界面显示。

图1-9

图1-10

图1-11

图1-12

1.3.5 对象面板

"对象"面板位于软件的右侧，在此面板中用户不但可以查看并选择场景中的对象，还可以对场景中的对象执行重命名、隐藏、显示等操作，如图1-13所示。

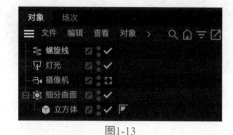

图1-13

1.3.6 属性面板

"属性"面板主要用来显示所选择对象的属性，当用户没有选择对象时，该面板不显示任何参数，如图1-14所示。

图1-14

1.4 软件基础操作

学习一款新的软件技术，首先应该熟悉该软件的基本操作。在本节中，将分别讲解中文版Cinema 4D 2023软件的视图控制、变换对象、复制对象这3个部分的基础操作内容。

1.4.1 基础操作：视图控制

【知识点】创建几何体、平移视图、旋转视图、推近拉远视图、视图切换、视图显示设置。

01 启动中文版Cinema 4D 2023软件，单击"立方

3

体"按钮,如图1-15所示。在场景中创建一个立方体模型,如图1-16所示。

 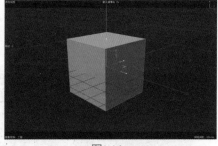

图1-15 　　　　　　图1-16

02 向前滑动鼠标滚轮,可以推远视图,如图1-17所示。

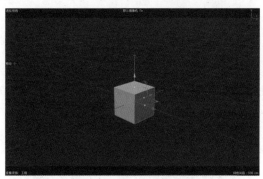

图1-17

03 向后滑动鼠标滚轮,可以拉近视图,如图1-18所示。

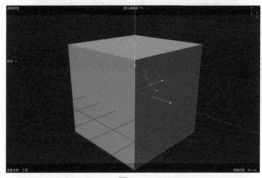

图1-18

技巧与提示❖

　　按住option(macOS)/Alt(Windows)键+鼠标右键,也可以进行推近/拉远视图。

04 按住option(macOS)/Alt(Windows)键+鼠标中键,可以平移视图,如图1-19所示。

05 按住option(macOS)/Alt(Windows)键+鼠标左键,可以旋转视图来观察场景中的模型,如图1-20所示。

06 按下鼠标中键,则可以将当前的"透视视图"切换为四视图显示状态,如图1-21所示。

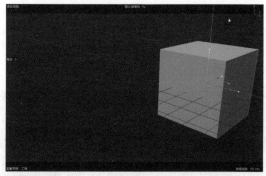

图1-19

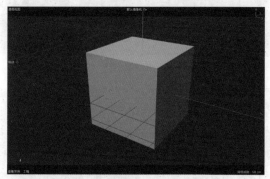

图1-20

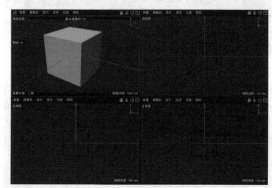

图1-21

07 在"正视图"中按下鼠标中键,可以将该视图最大化显示。执行菜单栏"显示"|"快速着色"命令,则可将该视图以快速着色方式来显示对象,如图1-22所示。

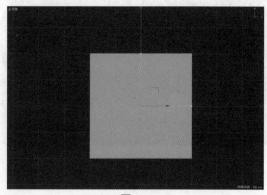

图1-22

08 当我们在"正视图"中进行旋转操作时，如图1-23所示，可以通过将该视图切换到其他视图，再切换回来的方式恢复正视图的初始观察角度。

图1-23

1.4.2　基础操作：变换对象

【知识点】移动工具、旋转工具、缩放工具、坐标轴。

01 启动中文版Cinema 4D 2023软件，单击"圆柱体"按钮，如图1-24所示。

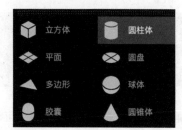

图1-24

02 在场景中创建一个圆柱体模型，如图1-25所示。

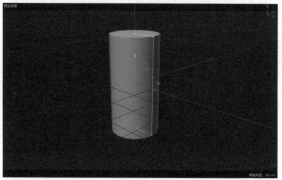

图1-25

03 按E键，可以使用"移动"工具更改圆柱体模型的位置，如图1-26所示。

04 按R键，可以使用"旋转"工具更改圆柱体模型的角度，如图1-27所示。

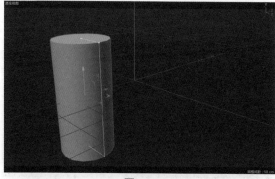

图1-26

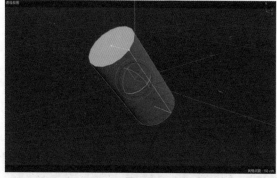

图1-27

05 按T键，可以使用"缩放"工具更改圆柱体模型的大小，如图1-28所示。

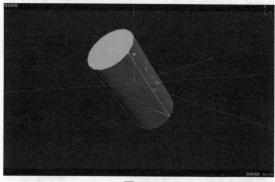

图1-28

06 按W键，则可以更改缩放坐标轴的角度，使其与圆柱体的角度相一致，如图1-29所示。

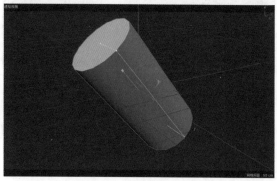

图1-29

07 我们还可以在"属性"面板下的"坐标"组中，看到模型的"变换"数值，如图1-30所示。

图1-30

1.4.3 基础操作：复制对象

【知识点】复制、合并场景文件。

01 启动中文版Cinema 4D 2023软件，单击"立方体"按钮，如图1-31所示。

02 在场景中创建一个立方体模型，如图1-32所示。

 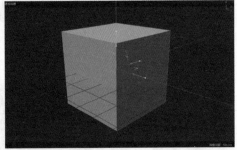

图1-31　　　　　　图1-32

03 按住Ctrl键，配合"移动"工具可以复制出一个新的立方体模型，如图1-33所示。

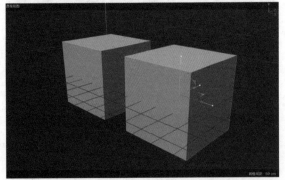

图1-33

技巧与提示

　　按住Ctrl键复制对象时，一定要先松开鼠标左键，再松开Ctrl键，才可以复制出一个新的对象。如果在复制的过程中，先松开了Ctrl键，则不会复制对象。

04 如果要原地复制一个对象，则需要先选择模型，按Ctrl+C组合键，再按Ctrl+V组合键即可，然后可以使用"移动"工具将其拖出，如图1-34所示。

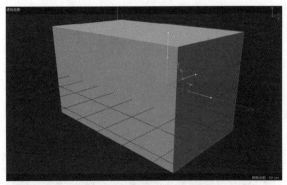

图1-34

05 单击软件界面上方左侧的+号按钮，如图1-35所示，新建一个场景文件，如图1-36所示。

图1-35

图1-36

06 在新建的场景中，按Ctrl+V组合键，可以把刚刚复制的对象粘贴至新的场景文件中，从而实现场景合并操作，如图1-37所示。

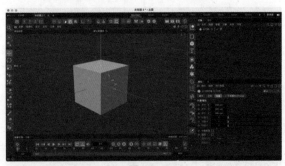

图1-37

第 2 章 ————
多边形建模

2.1
多边形建模概述

多边形由顶点和连接它们的边来定义形体的结构，多边形的内部区域称为面，这些要素的命令编辑就构成了多边形建模技术。经过几十年的应用发展，多边形建模技术如今被广泛应用于电影、游戏、虚拟现实等动画模型的开发制作中。中文版Cinema 4D软件提供了多种建模工具来帮助用户在软件中解决各种各样复杂形体模型的构建问题。图2-1～图2-3所示为使用多边形建模技术所制作出来的三维模型。

图2-1

图2-2

图2-3

2.2
创建几何体

在学习多边形建模技术之前，我们应该先了解Cinema 4D为我们提供的一些用于创建基本几何体的按钮，如图2-4所示。

图2-4

工具解析

- 立方体：创建立方体模型。
- 圆柱体：创建圆柱体模型。
- 平面：创建平面模型。
- 圆盘：创建圆盘模型。
- 多边形：创建多边形模型。
- 球体：创建球体模型。
- 胶囊：创建胶囊模型。
- 圆锥体：创建圆锥体模型。
- 人形素体：创建人形素体模型。
- 地形：创建地形模型。
- 油桶：创建油桶模型。
- 金字塔：创建金字塔模型。
- 宝石体：创建宝石体模型。
- 管道：创建管道模型。
- 圆环面：创建圆环面模型。
- 贝塞尔：创建贝塞尔模型。
- 空白多边形：创建空白多边形模型。

2.2.1 基础操作：创建及修改立方体

【知识点】创建立方体、修改立方体、转为可编辑对象、"挤压"工具、退出模型的编辑。

01 启动中文版Cinema 4D 2023软件，单击"立方体"按钮，如图2-5所示。

02 在场景中创建一个立方体模型，如图2-6所示。

03 将光标放置于箭头前方的黄色圆点上，按住鼠标左键并拖动光标则可以调整立方体在对应轴向上的长短，如图2-7所示。

图2-5

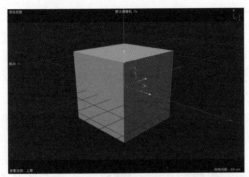

图2-6

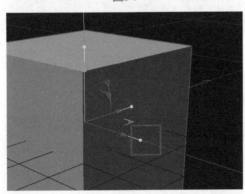

图2-7

04 在视图中调整立方体模型的大小至图2-8所示后，我们可以在"属性"面板中查看立方体模型的对应轴向上的尺寸，如图2-9所示。

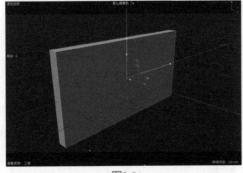

图2-8

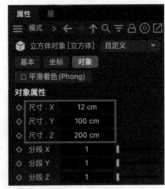

图2-9

05 在"属性"面板中，设置"分段Y"为3、"分段Z"为3，如图2-10所示。

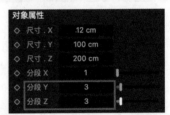

图2-10

06 执行菜单栏"显示"｜"快速着色（线条）"命令，即可看到模型的边线显示情况，如图2-11所示。

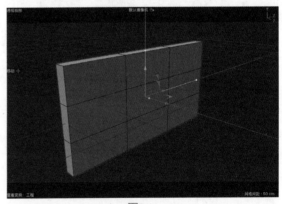

图2-11

技巧与提示

我们还可以先按下N键，再按下D键来查看模型的边线。

07 单击软件界面上的"转为可编辑对象"按钮，如图2-12所示。将立方体模型转为可编辑的多边形对象。

技巧与提示

转为可编辑对象的快捷键是C。

图2-12

08 选择如图2-13所示的面，使用"挤压"工具对其进行挤压，得到如图2-14所示的模型结果。

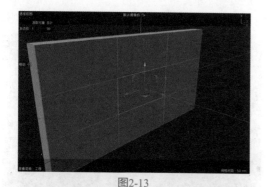

图2-13

图2-14

09 设置完成后，单击"模型"按钮，如图2-15所示，即可退出模型的编辑状态。

图2-15

2.2.2 实例：制作石膏模型

本实例主要讲解如何使用简单的几何体模型来制作一组石膏模型，本实例的最终渲染结果如图2-16所示。

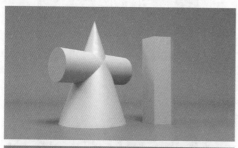

图2-16

01 启动中文版Cinema 4D 2023软件，单击"圆锥体"按钮，如图2-17所示。在场景中创建一个圆锥体模型。

图2-17

02 在"对象"面板中的"对象属性"组中，设置圆锥体模型的"顶部半径"为0cm、"底部半径"为10cm、"高度"为30cm、"旋转分段"为32，如图2-18所示。

图2-18

03 在"坐标"组中，设置P.Y为15cm，如图2-19所示。

图2-19

04 设置完成后，圆锥体模型的视图显示结果如图2-20所示。

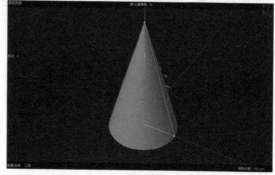

图2-20

05 单击"圆柱体"按钮，如图2-21所示。在场景中创建一个圆柱体模型。

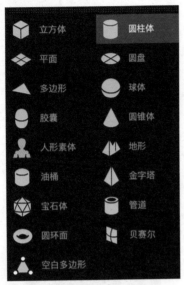

图2-21

06 在"属性"面板中的"对象属性"组中，设置"半径"为25cm、"高度"为43cm、"高度分段"为4、"旋转分段"为16、"方向"为-X，如图2-22所示。

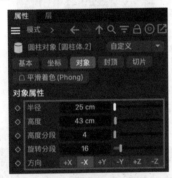

图2-22

07 在"坐标"组中，设置P.Y为15.75cm，如图2-23所示。

图2-23

08 设置完成后，圆柱体的视图显示结果如图2-24所示。

09 在"对象"面板中，可以观察到当前制作的圆锥贯穿石膏模型是由圆锥体和圆柱体所组成的，如图2-25所示。

10 在场景中选择这两个模型，右击并在弹出的快捷菜单中执行"连接对象+删除"命令，这样在"对象"面板中，我们可以看到两个模型合并成了一个模

型，如图2-26所示。

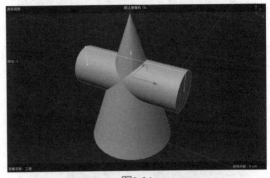

图2-24

图2-25

图2-26

11 在"基本属性"组中，更改模型的名称为"圆锥贯穿"，如图2-27所示。这样，一个圆锥贯穿模型就制作完成了。

图2-27

12 单击"圆柱体"按钮，如图2-28所示。在场景中创建一个圆柱体模型。

图2-28

13 在"对象属性"组中，设置"半径"为5cm、"高度"为25cm、"旋转分段"为6，如图2-29所示。

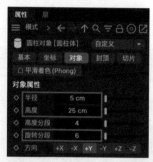

图2-29

14 在"坐标"组中,设置P.X为20cm、P.Y为12.5cm,如图2-30所示。

图2-30

15 设置完成后,圆柱体的视图显示结果如图2-31所示。

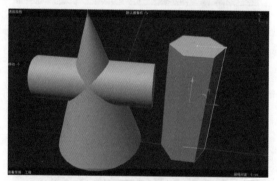

图2-31

16 在"基本属性"组中,更改圆柱体模型的名称为"六面柱",如图2-32所示。这样,一个六面柱模型就制作完成了。

图2-32

17 设置完成后,观察"对象"面板,查看场景中模型的名称,如图2-33所示。

图2-33

18 本实例最终制作完成的模型结果如图2-34所示。

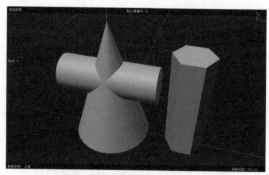

图2-34

2.3 可编辑对象

当我们要对场景中创建出来的标准几何体模型进行编辑时,需要先选中模型,右击并在弹出的快捷键菜单中执行"转为可编辑对象"命令,如图2-35所示,然后才可以对模型的顶点、边线和面进行选择并编辑。转换为可编辑对象后,仔细观察"对象"面板中模型的图标类型,可以看出模型的类型发生了变化,如图2-36和图2-37所示。

图2-35

图2-36 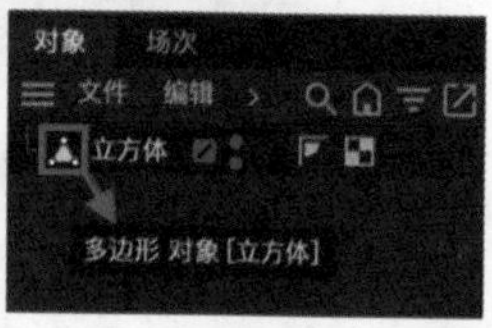　　　　　　　　图2-37

进入模型的"点"模式、"边"模式和"面"模式后,我们可以在软件界面左侧位置处的"工具栏"中找到Cinema 4D软件为用户提供的较为常用的编辑工具图标,如图2-38所示。

工具解析

● 封闭多边形孔洞:用于封闭多边形上的孔洞。

● 倒角:对选择的边线进行倒角。

● 挤压:对所选择的面沿法线方向

图2-38

进行挤压。

- ▣ 桥接：对所选择的面进行桥接。
- ▣ 细分曲面权重：用于调整分析曲面的权重。
- ▣ 焊接：将所选择的顶点进行焊接。
- ▣ 缝合：缝合所选择的点。该按钮与"焊接"重叠在一起。
- ▣ 镜像：对所选择的顶点进行镜像处理。
- ▣ 线性切割：对模型进行线性切割。
- ▣ 平面切割：在模型上根据选择的两个顶点位置来切割整个模型。该按钮与"线性切割"重叠在一起。
- ▣ 循环/路径切割：在模型上添加循环边线。该按钮与"线性切割"重叠在一起。
- ▣ 熨烫：对模型的整体进行膨胀/内缩计算。

2.3.1 实例：制作汤勺模型

本实例主要讲解如何使用多边形建模技术来制作一个汤勺模型，本实例的最终渲染结果如图2-39所示。

图2-39

01 启动中文版Cinema 4D 2023软件，单击"球体"按钮，如图2-40所示。在场景中创建一个球体模型。

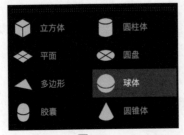

图2-40

02 按C键，将其转为可编辑对象后，选择如图2-41

所示的面，将其删除，得到如图2-42所示的模型结果。

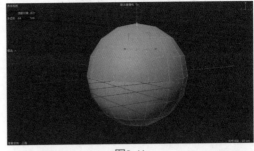

图2-41

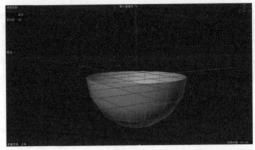

图2-42

03 使用"缩放"工具和"移动"工具调整半球的形状至图2-43和图2-44所示。

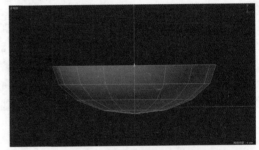

图2-43

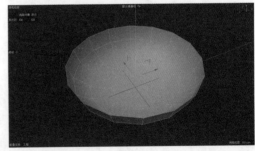

图2-44

04 在"顶视图"中开启"软选择"功能，选择如图2-45所示的顶点。

05 调整半球的顶点位置，使之接近水滴形态，如图2-46所示。

06 在"正视图"中，选择如图2-47所示的顶点，使用"缩放"工具调整汤勺的底部至图2-48所示。

图2-45

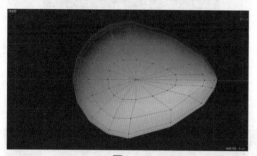

图2-46

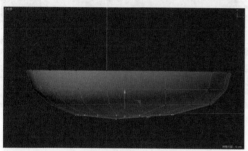

图2-47

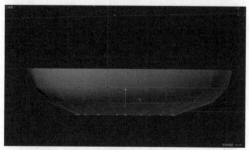

图2-48

07 选择如图2-49所示的边线，使用"挤压"工具制作出图2-50所示的模型结果。

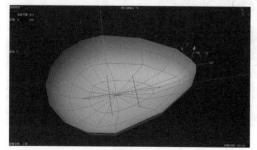

图2-49

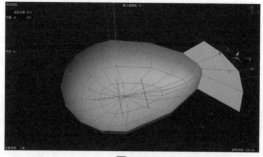

图2-50

08 使用"移动"工具和"缩放"工具调整汤勺手柄处的顶点位置，如图2-51和图2-52所示。

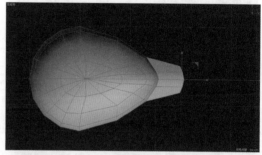

图2-51

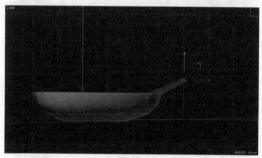

图2-52

09 使用同样的操作步骤再次对刚才的边线进行挤压并调整位置至图2-53所示。

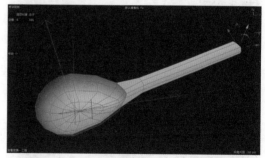

图2-53

10 在"正视图"中，观察汤勺的顶点位置，如图2-54所示。接下来，使用"移动"工具调整至图2-55所示的形态。

11 选择如图2-56所示的边线，使用"倒角"工具制作出图2-57所示的结果。

图2-54

图2-55

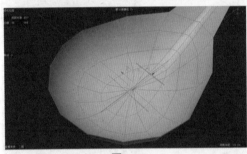

图2-56

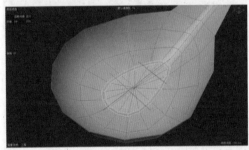

图2-57

12 使用"循环/路径切割"工具为汤勺手柄位置处添加边线，如图2-58所示。

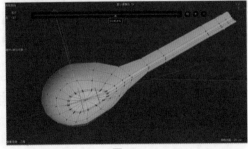

图2-58

13 在"模型模式"中，按住option（macOS）/Alt（Windows）键，单击"加厚"按钮，如图2-59所示，则可以为汤勺模型增加厚度，如图2-60所示。

图2-59

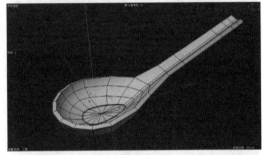

图2-60

14 在"属性"面板中，设置"细分"为2，如图2-61所示。增加汤勺边缘处的布线结构，如图2-62所示。

图2-61

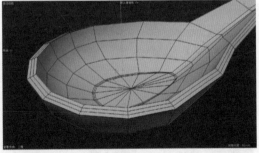

图2-62

15 按住option（macOS）/Alt（Windows）键，单击

"细分曲面"按钮，如图2-63所示，则可以使汤勺模型更加平滑，如图2-64所示。

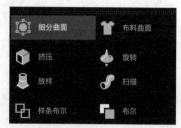

图2-63

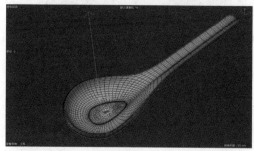

图2-64

16 设置完成后，本实例最终制作完成的模型结果如图2-65所示。

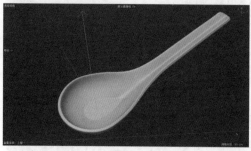

图2-65

2.3.2 实例：制作杯子模型

本实例主要讲解如何使用多边形建模技术来制作一个个性化的杯子模型，本实例的最终渲染结果如图2-66所示。

01 启动中文版Cinema 4D 2023软件，单击"圆柱体"按钮，如图2-67所示。在场景中创建一个圆柱体模型。

图2-66

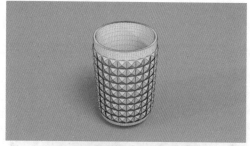

图2-66（续）

图2-67

02 在"属性"面板中，设置"半径"为4cm、"高度"为12cm、"高度分段"为11、"旋转分段"为24，如图2-68所示。

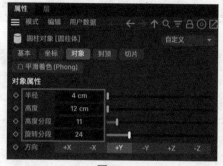

图2-68

03 设置完成后，圆柱体模型的视图显示结果如图2-69所示。

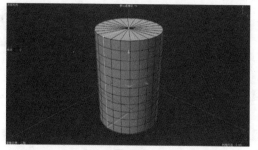

图2-69

04 按C键，将其转为可编辑对象后，选择如图2-70所示的面。

图2-70

05 右击，在弹出的快捷菜单中单击"挑多边形"命令后面的齿轮形状的"设置"按钮，如图2-71所示。

图2-71

06 在弹出的"挑多边形"对话框中，勾选"选择顶点"复选框，如图2-72所示，再单击"确定"按钮。制作出如图2-73所示的模型结果。

图2-72

图2-73

07 单击"点"按钮，如图2-74所示，在"点"模式中，我们可以看到由于刚刚勾选了"选择顶点"复选框，所以这些生成的顶点现在都处于被选择的状态，如图2-75所示。

图2-74

08 使用"缩放"工具微调所选中的顶点位置至图2-76所示。

09 选择如图2-77所示的边线，使用"倒角"工具制作出如图2-78所示的模型结果。

图2-75

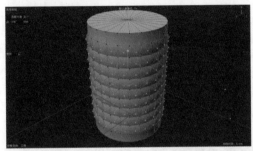

图2-76

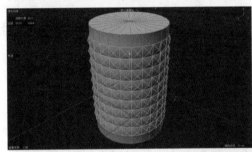

图2-77

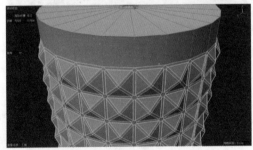

图2-78

10 使用"循环/路径切割"工具在杯口位置处添加循环边线，如图2-79所示。

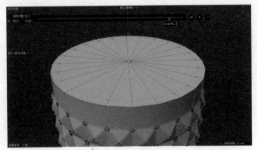

图2-79

⑪ 选择如图2-80所示的面，多次使用"挤压"工具向下对所选择的面进行挤压，制作出杯子的内壁，如图2-81所示。

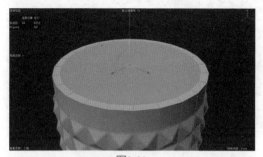

图2-80

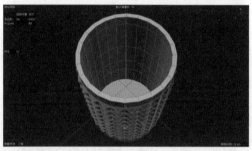

图2-81

⑫ 选择杯口位置处的循环边线，如图2-82所示，使用"倒角"工具对其进行倒角，制作出如图2-83所示的模型结果。

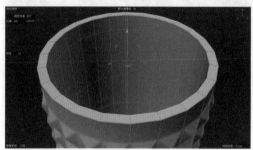

图2-82

图2-83

⑬ 使用同样的操作步骤处理杯子底部的边缘和杯子的内壁底部边缘，如图2-84和图2-85所示。

⑭ 在"模型"模式中，按住option（macOS）/Alt（Windows）键，单击"细分曲面"按钮，如图2-86所示，则可以得到更加平滑的模型结果，如图2-87所示。

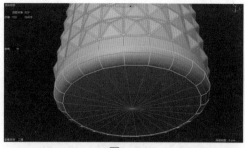

图2-84

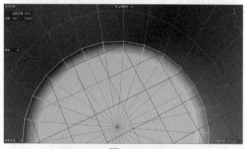

图2-85

图2-86

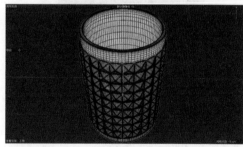

图2-87

⑮ 设置完成后，本实例最终制作完成的模型结果如图2-88所示。

图2-88

2.3.3　实例：制作哑铃模型

本实例主要讲解如何使用多边形建模技术来制作一个哑铃模型，本实例的最终渲染结果如图2-89所示。

图2-89

01 启动中文版Cinema 4D 2023软件，单击"圆柱体"按钮，如图2-90所示。在场景中创建一个圆柱体模型。

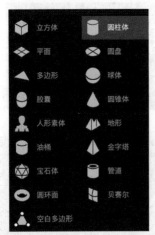

图2-90

02 在"属性"面板中，设置"半径"为6cm、"高度"为5cm、"高度分段"为1、"旋转分段"为6、"方向"为-X，如图2-91所示。

图2-91

03 设置完成后，圆柱体模型的视图显示结果如图2-92所示。

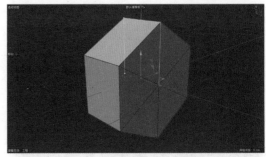

图2-92

04 按C键，将其转为可编辑对象后，选择如图2-93所示的面。沿X轴向将其移动至图2-94所示位置处。

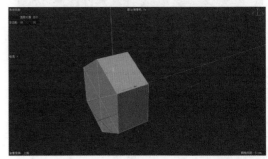

图2-93

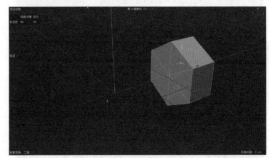

图2-94

05 选择模型上所有的边线，如图2-95所示。使用"倒角"工具制作出如图2-96所示的模型结果。

06 选择如图2-97所示的面，先按下U键，再按下Y键，扩选如图2-98所示的面。

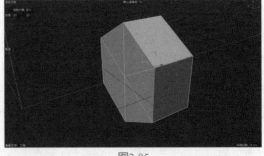

图2-95

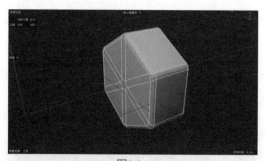

图2-96

图2-97

图2-98

07 右击，在弹出的快捷菜单中执行"适配圆"命令，如图2-99所示。在场景中按住鼠标左键并缓缓向右拖动光标，制作出如图2-100所示的模型结果。

图2-99

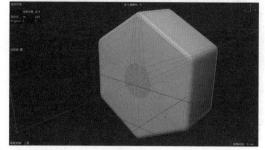

图2-100

08 对所选择的面多次使用"挤压"工具，制作出如图2-101所示的模型结果。

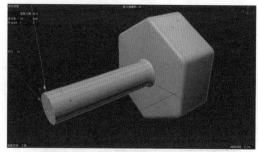

图2-101

09 在"模型模式"中，按住option（macOS）/Alt（Windows）键，单击"对称"按钮，如图2-102所示，可以得到哑铃模型的对称结果，如图2-103所示。

图2-102

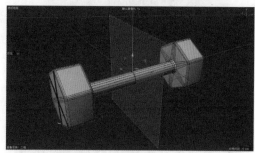

图2-103

10 在"面"模式中，选择哑铃模型上的所有面，沿X轴向调整位置至图2-104所示。

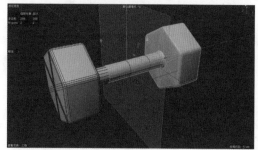

图2-104

11 在"属性"面板中，取消勾选"显示平面"复选框，设置"焊接对象"为"开"，勾选"沿平面切"和"删除外侧"复选框，如图2-105所示。

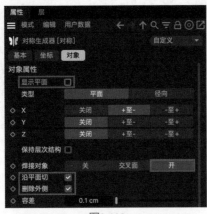

图2-105

12 在"模型"模式中，按住option（macOS）/Alt（Windows）键，单击"细分曲面"按钮，如图2-106所示，可以得到哑铃模型的平滑细分结果，如图2-107所示。

图2-106

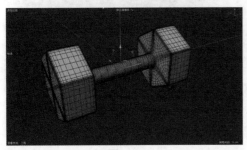

图2-107

13 设置完成后，本实例最终制作完成的模型结果如图2-108所示。

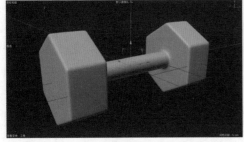

图2-108

2.3.4 实例：制作方盘模型

本实例主要讲解如何使用多边形建模技术来制作一个方盘模型，本实例的最终渲染结果如图2-109所示。

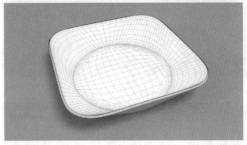

图2-109

01 启动中文版Cinema 4D 2023软件，单击"立方体"按钮，如图2-110所示。在场景中创建一个立方体模型。

02 在"对象属性"组中，设置立方体模型的参数值，如图2-111所示。

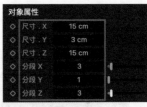

图2-110　　　　　　　　图2-111

03 设置完成后，立方体模型的视图显示结果如图2-112所示。

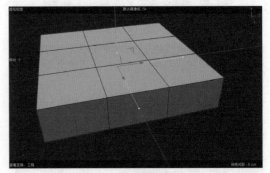

图2-112

04 按C键，将其转为可编辑对象后，选择如图2-113

所示的边线。使用"倒角"工具制作出如图2-114所示的模型结果。

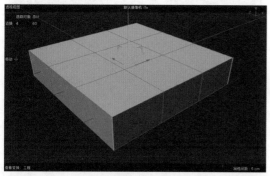

图2-113

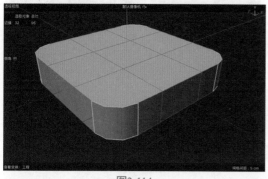

图2-114

05 选择如图2-115所示的面,将其删除,得到如图2-116所示的模型结果。

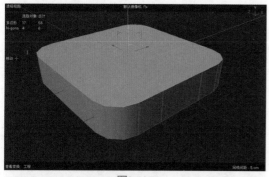

图2-115

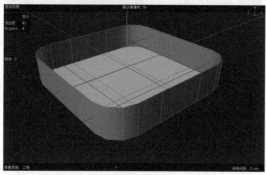

图2-116

06 选择如图2-117所示的面,右击并在弹出的快捷

菜单中执行"适配圆"命令,然后缓缓拖动光标得到如图2-118所示的模型结果。

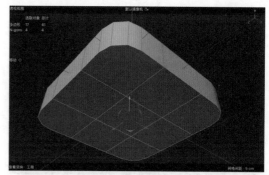

图2-117

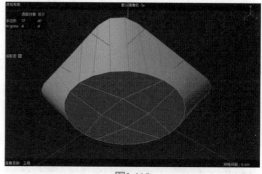

图2-118

07 使用"框选"工具选择模型上的所有面,如图2-119所示。使用"加厚"工具制作出方盘的厚度,如图2-120所示。

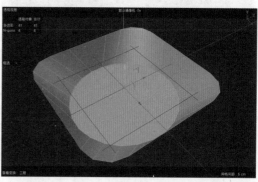

图2-119

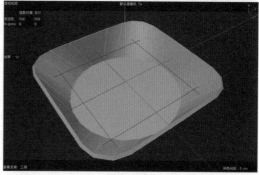

图2-120

08 选择如图2-121所示的边线，使用"倒角"工具制作出如图2-122所示的模型结果。

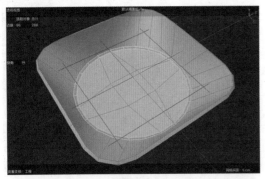

图2-121

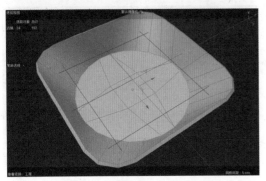

图2-122

09 选择方盘底部如图2-123所示的边线，使用"倒角"工具制作出如图2-124所示的模型结果。

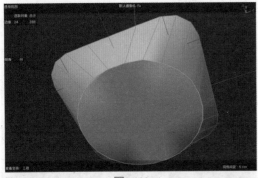

图2-123

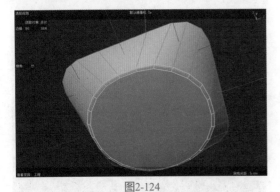

图2-124

10 选择方盘边缘位置处的边线，如图2-125所示。

使用"倒角"工具制作出如图2-126所示的模型结果。

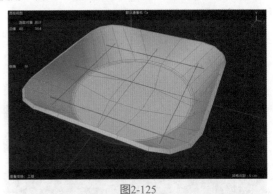

图2-125

图2-126

11 设置完成后，退出模型的编辑状态。按住option（macOS）/Alt（Windows）键，单击"细分曲面"按钮，如图2-127所示，可以得到方盘模型的平滑细分结果，如图2-128所示。

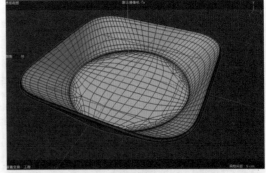

图2-127

图2-128

12 本实例最终制作完成的模型结果如图2-129所示。

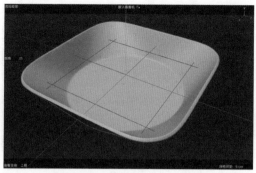

图2-129

2.3.5 实例：制作方瓶模型

本实例主要讲解如何使用多边形建模技术来制作一个方瓶模型，本实例的最终渲染结果如图2-130所示。

图2-130

01 启动中文版Cinema 4D 2023软件，单击"立方体"按钮，如图2-131所示。在场景中创建一个立方体模型。

02 在"属性"面板中调整其参数值至图2-132所示。

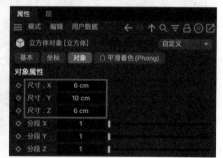

图2-131　　　　　　　图2-132

03 设置完成后，立方体模型的视图显示结果如图2-133所示。

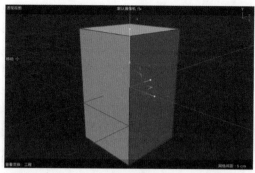

图2-133

04 按C键，将其转为可编辑对象后，框选所有边线，如图2-134所示。

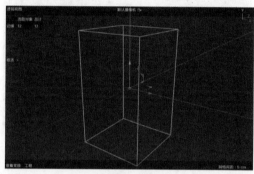

图2-134

05 使用"倒角"工具制作出如图2-135所示的模型结果。

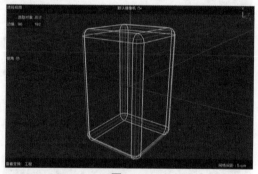

图2-135

06 使用"循环/路径切割"工具分别在模型的3个轴向上依次添加边线，如图2-136~图2-138所示。

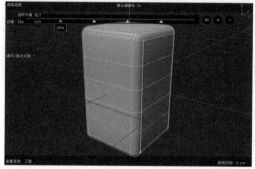

图2-136

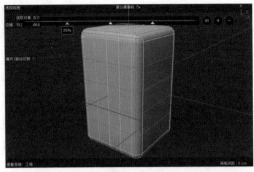

图2-137

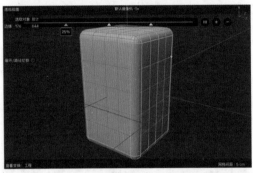

图2-138

07 选择如图2-139所示的面，使用"适配圆"工具制作出如图2-140所示的模型结果。

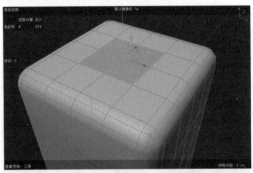

图2-139

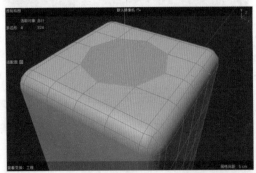

图2-140

08 使用"挤压"工具对所选择的面多次挤压，制作出瓶颈部分，如图2-141所示。

09 将瓶口位置处的面删除后，得到如图2-142所示的模型结果。

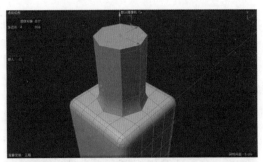

图2-141

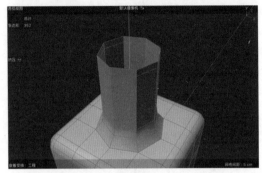

图2-142

10 在"模型"模式中，按住option（macOS）/Alt（Windows）键，单击"加厚"按钮，如图2-143所示，为瓶子模型增加厚度，如图2-144所示。

图2-143

图2-144

11 使用"循环/路径切割"工具为瓶子模型瓶口位置处添加边线，并使用"缩放"工具制作出瓶颈的细节，如图2-145所示。

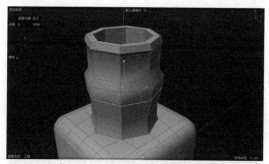

图2-145

12 按住option（macOS）/Alt（Windows）键，单击"细分曲面"按钮，如图2-146所示，使方瓶模型更加平滑，如图2-147所示。

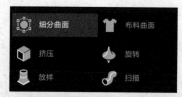

图2-146

图2-147

13 本实例最终制作完成的模型结果如图2-148所示。

图2-148

2.3.6 实例：制作咖啡杯模型

本实例主要讲解如何使用多边形建模技术来制作一个咖啡杯模型，本实例的最终渲染结果如图2-149所示。

01 启动中文版Cinema 4D 2023软件，单击"球

体"按钮，如图2-150所示。在场景中创建一个球体模型。

图2-149

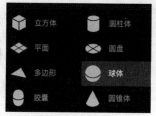

图2-150

02 在"属性"面板中，设置"半径"为5cm、"分段"为64，如图2-151所示。

图2-151

03 设置完成后，球体模型的视图显示结果如图2-152所示。

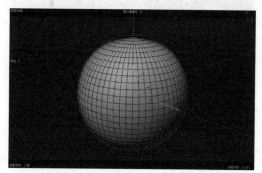

图2-152

04 按C键，将球体转为可编辑对象后，选择如图2-153所示的面，将其删除，得到如图2-154所示的模型结果。

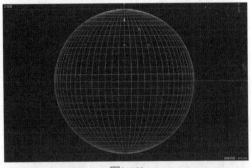

图2-153

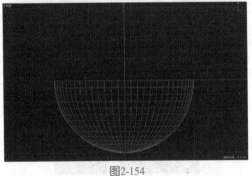

图2-154

05 选择如图2-155所示的顶点，使用"缩放"工具制作出如图2-156所示的模型结果。

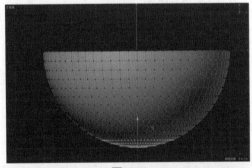

图2-155

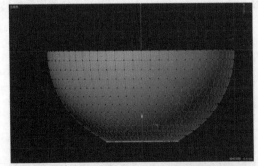

图2-156

06 选择模型上的所有面，如图2-157所示，使用"加厚"工具制作出如图2-158所示的模型结果。

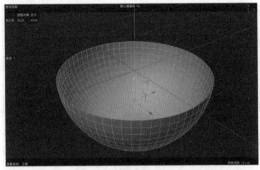

图2-157

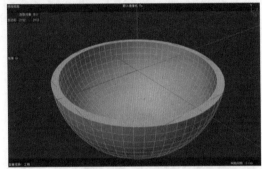

图2-158

07 选择如图2-159所示的边线，使用"倒角"工具制作出如图2-160所示的模型结果。

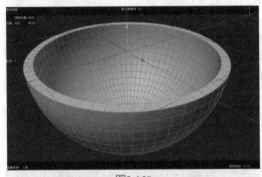

图2-159

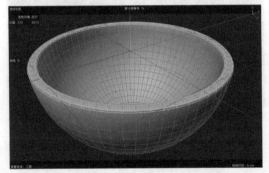

图2-160

08 选择杯子底部如图2-161所示的边线，使用"倒角"工具制作出如图2-162所示的模型结果。

09 单击"圆环面"按钮，如图2-163所示。在场景中创建一个圆环面模型。

图2-161

图2-162

图2-163

10 在"属性"面板中，设置圆环面模型的参数值，如图2-164所示。

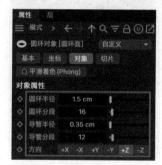

图2-164

11 设置完成后，在"正视图"中，调整圆环面模型的位置至图2-165所示。

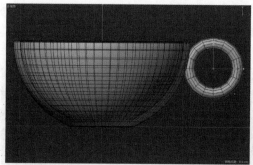

图2-165

12 将圆环面模型转为可编辑对象后，使用"循环/路径切割"工具在如图2-166所示的位置处添加一条循环边线。

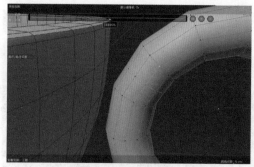

图2-166

13 选择场景中的两个模型，右击并在弹出的快捷菜单中执行"连接对象+删除"命令，将其合并为一个模型，如图2-167所示。

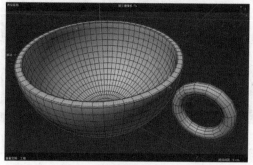

图2-167

14 选择如图2-168所示的面，使用"桥接"工具制作出如图2-169所示的模型结果。

图2-168

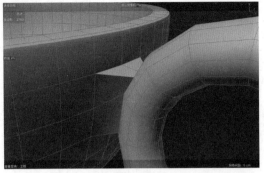

图2-169

15 使用"循环/路径切割"工具在如图2-170所示的位置处添加一条循环边线，并使用"缩放"工具调整其形态至图2-171所示。

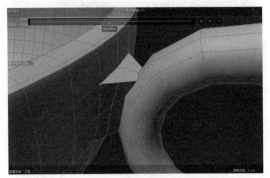

图2-170

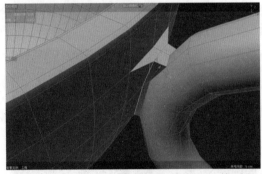

图2-171

16 设置完成后，退出模型的编辑状态。按住option（macOS）/Alt（Windows）键，单击"细分曲面"按钮，如图2-172所示。

图2-172

17 本实例最终制作完成的模型结果如图2-173所示。

图2-173

2.3.7 实例：制作足球模型

本实例主要讲解如何使用多边形建模技术来制作一个足球模型，本实例的最终渲染结果如图2-174所示。

图2-174

01 启动中文版Cinema 4D 2023软件，单击"宝石体"按钮，如图2-175所示。在场景中创建一个宝石体模型。

图2-175

02 在"属性"面板中，设置"类型"为"碳原子"，如图2-176所示。

图2-176

03 设置完成后，宝石体模型的视图显示结果如图2-177所示。

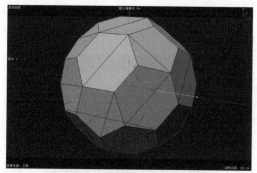

图2-177

04 按C键，将其转为可编辑对象后，进入"边"模式，执行菜单栏"选择"｜"选择平滑着色断开"命令，即可得到如图2-178所示的模型显示结果。

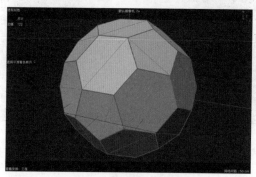

图2-178

05 在"属性"面板中，单击"全选"按钮，如图2-179所示。宝石体的视图显示结果如图2-180所示。

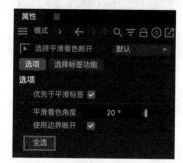

图2-179

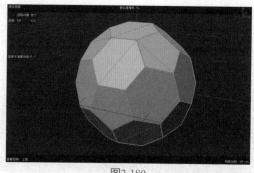

图2-180

06 执行菜单栏"选择"｜"反选"命令后，宝石体的视图显示结果如图2-181所示。

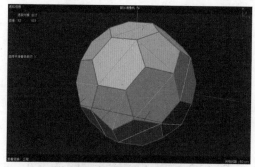

图2-181

07 右击并在弹出的快捷菜单中执行"消除"命令，即可得到如图2-182所示的模型结果。

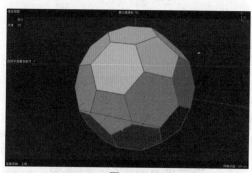

图2-182

08 使用"框选"工具选择模型上所有的边线，如图2-183所示，使得这些边线保持一个被选中的状态后，再选择模型上的所有面，如图2-184所示。

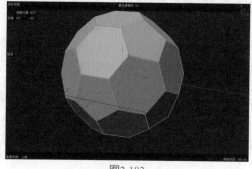

图2-183

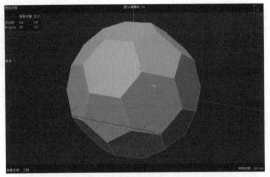

图2-184

09 右击并在弹出的快捷菜单中单击"细分"后面齿轮形状的"设置"按钮,如图2-185所示。

图2-185

10 在弹出的"细分"对话框中,设置"细分"的值为3,如图2-186所示。

图2-186

11 单击"确定"按钮后,即可得到如图2-187所示的模型结果。

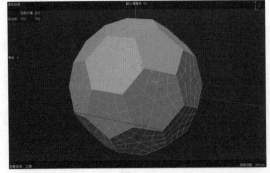

图2-187

12 在"模型"模式中,按住Shift键,单击"球化"按钮,如图2-188所示。

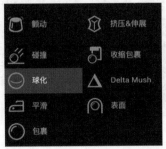

图2-188

13 在"属性"面板中,设置"强度"为100%、"半径"为11cm,如图2-189所示,得到如图2-190所示的模型结果。

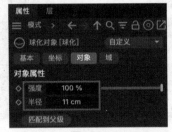

图2-189

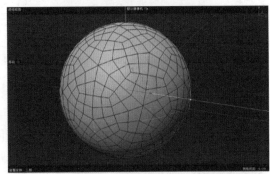

图2-190

14 在"对象"面板中,选择"宝石体"和"球化",如图2-191所示,右击并在弹出的快捷菜单中执行"连接对象+删除"命令,将其转换为一个模型。

图2-191

15 进入"边"模式,选择如图2-192所示的边线,使用"倒角"工具制作出如图2-193所示的模型。

16 进入"面"模式,如图2-194所示。执行菜单栏"选择" | "反选"命令,选择如图2-195所示的面。

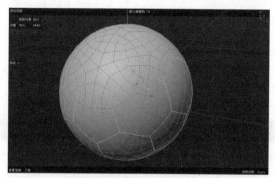

图2-192

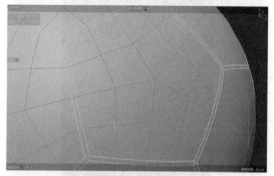

图2-193

图2-194

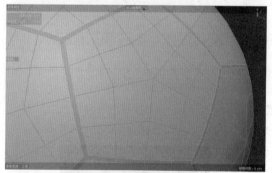

图2-195

17 使用"挤压"工具对所选择的面进行挤压，制作出如图2-196所示的模型结果。

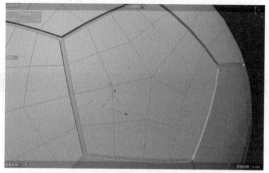

图2-196

18 设置完成后，退出模型的编辑状态。按住option（macOS）/Alt（Windows）键，单击"细分曲面"按钮，如图2-197所示。

图2-197

19 本实例最终制作完成的模型结果如图 2-198 所示。

图2-198

第3章——
曲线建模

3.1
曲线建模概述

中文版Cinema 4D 2023软件为用户提供了一种使用曲线图形来创建模型的方式，在制作某些特殊造型的模型时使用曲线建模技术会使建模的过程变得非常简便，而且模型的完成效果也很理想，图3-1所示为使用曲线建模技术制作出来的晾衣架模型。

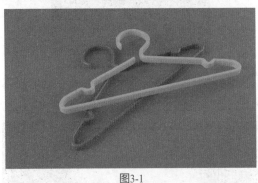

图3-1

3.2
创建曲线

在学习曲线建模技术之前，我们应该先了解Cinema 4D为我们提供的一些用于创建基本曲线的图标工具，如图3-2所示。

工具解析

- 弧线：创建弧线。
- 圆环：创建圆环。
- 螺旋线：创建螺旋线。
- 多边：创建多边形。
- 矩形：创建矩形。
- 四边：创建四边形。
- 蔓叶线：创建蔓叶线形状图形。

图3-2

- 齿轮：创建齿轮图形。
- 摆线：创建摆线。
- 花瓣形：创建花瓣形。
- 轮廓：创建"工"形状的图形。
- 星形：创建星形。
- 公式：创建公式线条。
- 空白样条：创建一个空白样条。

3.2.1 基础操作：创建蛋形图形

【知识点】创建曲线、编辑曲线。

01 启动中文版Cinema 4D 2023软件，单击"圆环"按钮，如图3-3所示。在场景中创建一个圆环。

图3-3

02 在"属性"面板中，设置"半径"为3cm、"平面"为XZ，如图3-4所示。

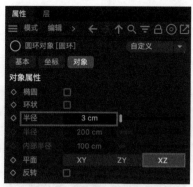

图3-4

03 设置完成后，圆环的视图显示结果如图3-5所示。

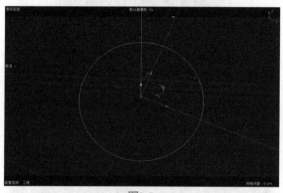

图3-5

04 选择圆环，单击"转为可编辑对象"按钮，如图3-6所示。

05 将其转为可编辑对象后，观察"对象"面板，我们发现圆环的图标也会发生相应的改变。图3-7和图3-8所示分别为圆环转为可编辑对象前后的图标形态。

06 单击软件界面上方的"点"按钮，如图3-9所示。

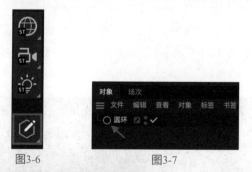

图3-6　　　　图3-7

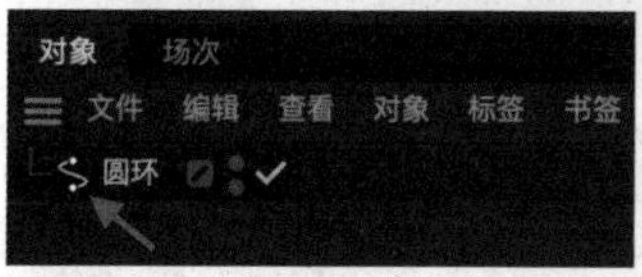

图3-8 　　　　图3-9

07 在"点"模式中，选择如图3-10所示的顶点，使用"移动"工具调整其位置至图3-11所示。

08 单击"模型"按钮，如图3-12所示，退出圆环的编辑状态。

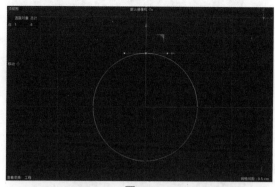

图3-10

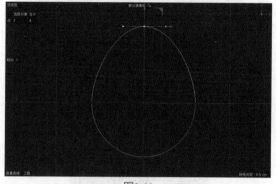

图3-11

图3-12

09 制作完成的蛋形图形如图3-13所示。

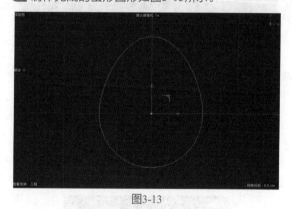

图3-13

3.2.2　实例：制作齿轮模型

本实例主要讲解如何使用齿轮工具来制作齿轮模型，本实例的最终渲染结果如图3-14所示。

01 启动中文版Cinema 4D 2023软件，单击"齿轮"按钮，如图3-15所示。在场景中创建一条齿轮曲线，如图3-16所示。

图3-14

图3-15

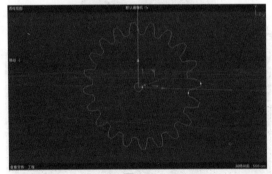

图3-16

02 在"属性"面板中,设置"齿"为24,如图3-17所示。

图3-17

03 设置"嵌体"的"类型"为"拱形"、"半径"为60cm,如图3-18所示。

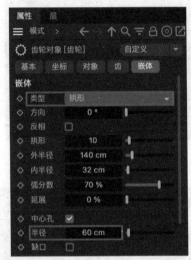

图3-18

04 设置完成后,齿轮图形的视图显示结果如图3-19所示。

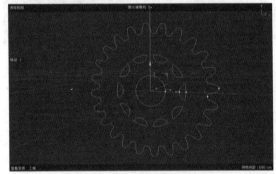

图3-19

技巧与提示 ❖

　　读者可以自行尝试更改齿轮对象嵌体的类型,图3-20~图3-22所示分别为"类型"是"轮幅""孔洞""波浪"的视图显示结果。

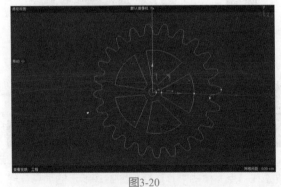

图3-20

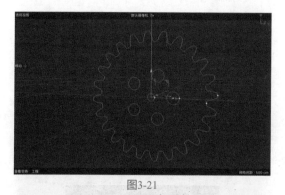

图3-21

图3-22

05 按住option（macOS）/Alt（Windows）键，单击"挤压"按钮，如图3-23所示，则可以为齿轮模型挤压出厚度，如图3-24所示。

图3-23

图3-24

06 在"属性"面板中，设置"偏移"为50cm，如图3-25所示。调整齿轮模型的厚度。

07 在"属性"面板中，取消勾选"独立控制"复选框，设置"尺寸"为5cm，如图3-26所示。制作出齿

轮模型的轮廓细节，如图3-27所示。

图3-25

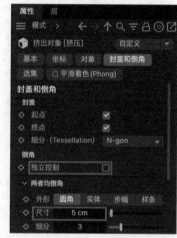

图3-26

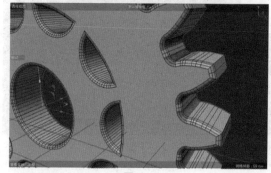

图3-27

08 设置完成后，本实例最终制作完成的模型结果如图3-28所示。

图3-28

3.2.3 实例：制作酒杯模型

本实例主要讲解如何使用样条画笔工具来制作酒杯模型，本实例的最终渲染结果如图3-29所示。

图3-29

01 启动中文版Cinema 4D 2023软件，单击"样条画笔"按钮，如图3-30所示。

02 在"正视图"中绘制出酒杯的剖面线条，如图3-31所示。

图3-30　　　　　　　　图3-31

03 接下来，我们需要对绘制出来的线条进行细微调整。我们在绘制酒杯剖面线条的过程中，难免会出现顶点位置不准确的情况。绘制完成后，可以单击"点"按钮，如图3-32所示，并配合"移动"工具移动线条上的顶点，或移动顶点控制柄的位置来更改线条的形状，如图3-33所示。

图3-32

04 如果出现顶点画多了的情况，我们可以选中多余的顶点，将其直接删除。如果想要添加顶点，可以在空白处右击，在弹出的快捷菜单中执行"创建点"或"细分"命令来为曲线添加顶点，如图3-34所示。

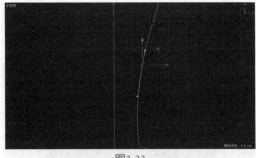

图3-33

图3-34

技巧与提示 ❖

在本节对应的教学视频中，会分别讲解如何使用"创建点"工具和"细分"工具来为曲线添加顶点。

05 酒杯剖面线条绘制完成后，其在"透视视图"中的显示结果如图3-35所示。

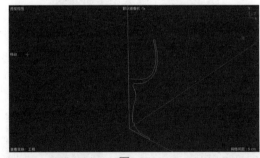

图3-35

06 按住option（macOS）/Alt（Windows）键，单击"旋转"按钮，如图3-36所示，则可以得到酒杯的模型结果，如图3-37所示。

图3-36

图3-37

07 本实例最终制作完成的模型结果如图3-38所示。

图3-38

3.2.4 实例：制作花瓶模型

本实例主要讲解如何使用"放样"生成器来制作花瓶模型，本实例的最终渲染结果如图3-39所示。

图3-39

01 启动中文版Cinema 4D 2023软件，单击"圆环"按钮，如图3-40所示。在场景中创建一个圆环图形。

图3-40

02 在"属性"面板中，设置"半径"为3cm，"平面"为XZ、如图3-41所示。

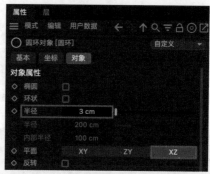

图3-41

03 设置完成后，圆环图形的视图显示结果如图3-42所示。

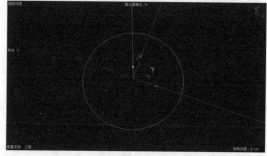

图3-42

04 按住option（macOS）/Alt（Windows）键，单击"放样"按钮，如图3-43所示，则可以为圆环图形添加"放样"生成器，这时，圆环图形会变为一个圆片模型，如图3-44所示。

05 在"对象"面板中，选择"圆环"，如图3-45所示。

06 按Ctrl键，配合"移动"工具向上移动，复制出一个圆环图形，这时，我们可以看到原本呈薄片显示的圆片模型会变成一个圆柱体模型，如图3-46所示。

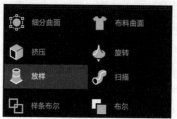

图3-43

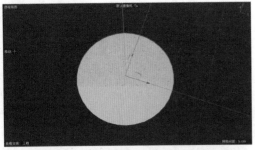

图3-44

图3-45

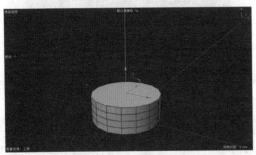

图3-46

技巧与提示

　按住command（macOS）/Ctrl（Windows）键，配合"移动"工具可以复制对象。

07 使用"缩放"工具调整复制出来的圆环图形大小至图3-47所示，制作出花瓶模型的底部效果。

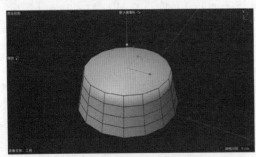

图3-47

08 使用同样的操作步骤继续向上复制圆环图形，并调整圆环图形的大小，制作出花瓶模型，如图3-48所示。

09 在"属性"面板中，取消勾选"终点"复选框，如图3-49所示。

10 这样，花瓶模型的瓶口部分将不会被封住，如图3-50所示。

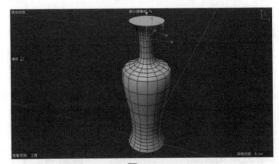

图3-48

图3-49

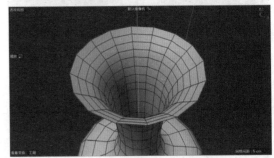

图3-50

11 按住option（macOS）/Alt（Windows）键，单击"加厚"按钮，如图3-51所示，则可以为花瓶模型添加加厚效果，如图3-52所示。

图3-51

12 在"属性"面板中，设置"厚度"为0.15cm、"细分"为1，如图3-53所示。制作出瓶子的厚度，如图3-54所示。

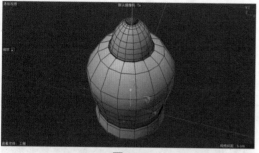

图3-52

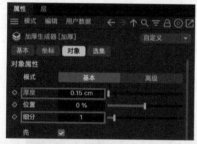

图3-53

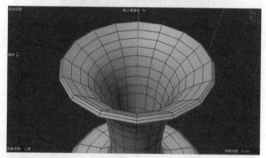

图3-54

13 按住option（macOS）/Alt（Windows）键，单击"细分曲面"按钮，如图3-55所示，则可以使得花瓶模型更加平滑，如图3-56所示。

图3-55

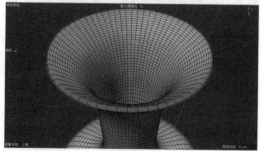

图3-56

14 本实例最终制作完成的模型结果如图3-57所示。

图3-57

3.2.5 实例：制作立体文字模型

本实例主要讲解如何使用"文本样条"工具来制作立体文字模型，本实例的最终渲染结果如图3-58所示。

图3-58

01 启动中文版Cinema 4D 2023软件，单击"文本样条"按钮，如图3-59所示。在场景中创建一个文本样条曲线。

02 在"属性"面板中，设置"文本样条"为2023、"高度"为5cm，如图3-60所示，即可得到一个文本图形，如图3-61所示。

图3-59

图3-60

图3-61

03 选择文本图形，按住option（macOS）/Alt（Windows）键，单击"挤压"按钮，如图3-62所示，制作出立体文字模型效果，如图3-63所示。

图3-62

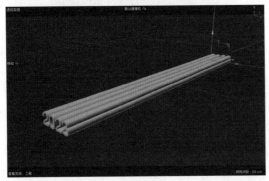

图3-63

04 在"属性"面板中，设置"偏移"为3cm，如图3-64所示。

图3-64

05 设置完成后，文字模型的视图显示结果如图3-65所示。

图3-65

06 在"封盖和倒角"组中，设置"尺寸"为0.05cm，如图3-66所示。

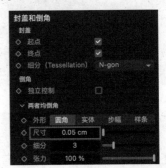

图3-66

07 设置完成后，观察立体文字模型的边缘位置处，可以清楚地看到添加了倒角效果后，模型的视图显示结果如图3-67所示。

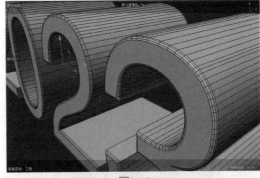

图3-67

08 本实例最终完成的模型效果如图3-68所示。

图3-68

技巧与提示 ❖

在本节对应的教学视频中，还为读者讲解了使用"文本"按钮来制作文字模型的方法。

3.2.6　实例：制作衣架模型

本实例主要讲解如何使用多个曲线工具来制作衣架模型，本实例的最终渲染结果如图3-69所示。

图3-69

01 启动中文版Cinema 4D 2023软件，单击"圆环"按钮，如图3-70所示。在场景中创建一个圆环图形。

图3-70

02 在"属性"面板中，设置"半径"为3cm，如图3-71所示。

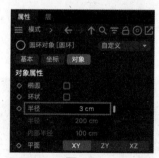

图3-71

03 单击"矩形"按钮，如图3-72所示。在场景中创建一个矩形图形。

04 在"属性"面板中，设置"宽度"为40cm、"高度"为10cm，如图3-73所示。

图3-72　　　　　　　　　　图3-73

05 设置完成后，在"正视图"中调整矩形的位置至图3-74所示。

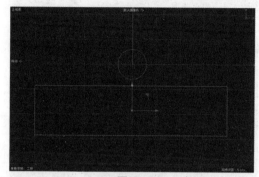

图3-74

06 选择场景中的圆环和矩形，右击并在弹出的快捷菜单中执行"连接对象"|"删除"命令，将其合并为一个图形，如图 3-75所示。

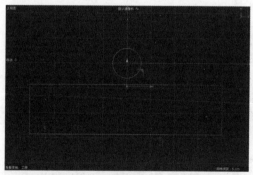

图3-75

07 选择如图 3-76所示的两个顶点，使用"缩放"工具调整其位置至图3-77所示。

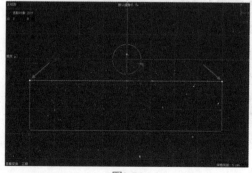

图3-76

08 选择如图 3-78所示的4个顶点，右击并在弹出的快捷菜单中执行"断开连接"命令。

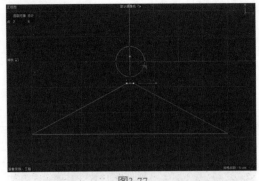

图3-77

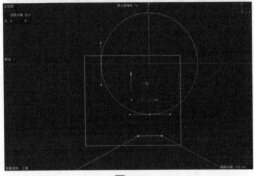

图3-78

09 选择如图3-79所示的顶点，将其移动至图3-80所示位置处。

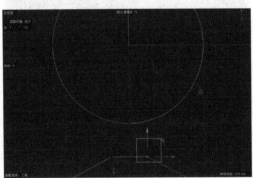

图3-79

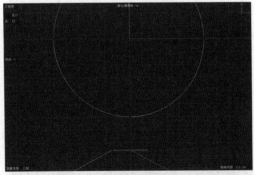

图3-80

10 选择如图3-81所示的顶点，向左侧轻微移动。

11 将场景中多余的顶点删除，得到如图3-82所示的图形结果。

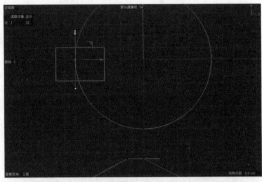

图3-81

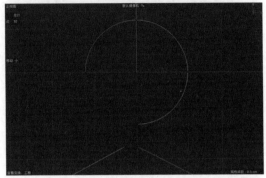

图3-82

12 按住Ctrl键，在如图3-83所示位置处单击，即可添加一个顶点。

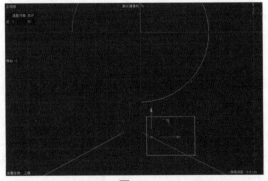

图3-83

13 选择如图3-84所示的两个顶点，右击并在弹出的快捷菜单中执行"倒角"命令，制作出如图3-85所示的倒角效果。

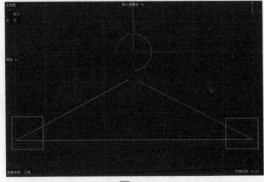

图3-84

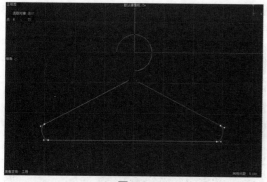

图3-85

14 选择如图3-86所示的两个顶点，右击并在弹出的快捷菜单中执行"焊接"命令，再单击上方的顶点，即可将其焊接至一起，如图3-87所示。

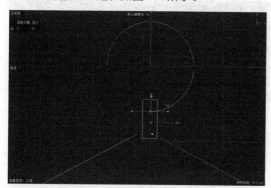

图3-86

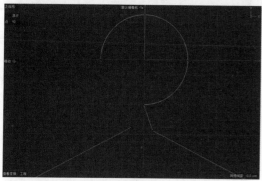

图3-87

15 微调衣架中间位置处顶点的位置至图3-88所示。

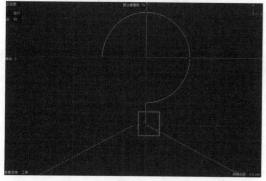

图3-88

16 单击"矩形"按钮，再次在场景中创建一个矩形。在"属性"面板中，设置"宽度"为1cm、"高度"为0.5cm，勾选"圆角"复选框，设置"半径"为0.1cm，如图3-89所示。

图3-89

17 设置完成后，矩形的视图显示结果如图3-90所示。

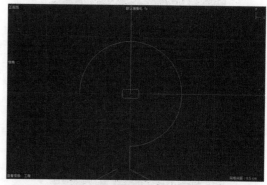

图3-90

18 单击"扫描"按钮，如图3-91所示，在场景中创建一个扫描对象。

图3-91

19 在"对象"面板中，将场景中的两个图形设置为扫描的子对象，如图3-92所示，即可得到如图3-93所示的模型结果。

20 在"属性"面板中，设置"起点"为0，如图3-94所示。

图3-92

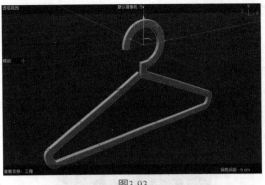

图3-93

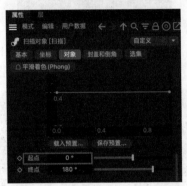

图3-94

21 在"封盖和倒角"组中,设置"尺寸"的值为0.1cm,如图3-95所示。

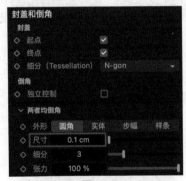

图3-95

22 这样,为衣架模型的边角位置处添加圆角的效果如图3-96所示。

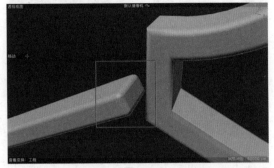

图3-96

23 本实例最终完成的模型效果如图3-97所示。

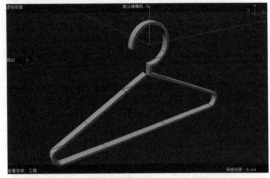

图3-97

第4章——
灯光技术

4.1
灯光概述

　　灯光的设置是三维制作表现中非常重要的一环，灯光不仅可以照亮物体，还在表现场景气氛、天气效果等方面起着至关重要的作用。在设置灯光时，如果场景中的灯光过于明亮，渲染出来的画面则会处于一种曝光状态；如果场景中的灯光过于暗淡，则渲染出来的画面有可能显得比较平淡，毫无吸引力，甚至导致画面中的很多细节无法体现。虽然在中文版Cinema 4D 2023中，灯光的设置参数比较简单，但是若要制作出真实的光照效果仍然需要我们去不断实践，且渲染起来非常耗时。使用中文版Cinema 4D 2023所提供的灯光工具，可以轻松地为制作完成的场景添加照明。三维软件的渲染程序可以根据用户的灯光设置严格执行复杂的光照计算，如果灯光师在制作光照设置前肯花大量时间来收集资料并进行光照设计，那么可以使用这些简单的灯光工具创建出更加复杂的视觉光效。在设置灯光前我们应该充分考虑自己所要达到的照明效果，切不可抱着能打出什么样的灯光效果就算什么样的灯光效果的侥幸心理，只有认真并有计划地设置好灯光，所产生的渲染结果才能打动人心。图4-1和图4-2所示为笔者在晴天和雾天环境下所拍摄的室外光影效果。

图4-1

图4-2

4.2
设置灯光

　　中文版Cinema 4D 2023提供了多种灯光工具为用户使用，如图4-3所示。

工具解析

- 灯光：创建灯光。
- 聚光灯：创建聚光灯。
- 目标聚光灯：创建目标聚光灯。
- 区域光：创建区域光。
- PBR灯光：创建PBR灯光。
- IES灯：创建IES灯光。
- 无限光：创建无限光。
- 日光：创建日光。
- 物理天空：创建物理天空灯光。

图4-3

4.2.1　基础操作：创建灯光

　　【知识点】创建区域光、调整灯光常用参数。

01 启动中文版Cinema 4D 2023软件，单击"平面"按钮，如图4-4所示。在场景中创建一个平面模型。

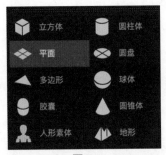

图4-4

02 单击"圆柱体"按钮，如图4-5所示，在场景中创建一个圆柱体模型。

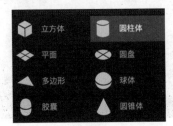

图4-5

03 在"属性"面板中，设置圆柱体的"半径"为5cm、"高度"为20cm，如图4-6所示。

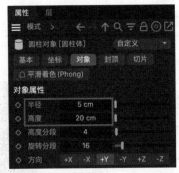

图4-6

04 在"坐标"组中，设置P.Y为10cm，如图4-7所示。

图4-7

05 设置完成后，场景中平面模型和圆柱体模型的视图显示结果如图4-8所示。

06 单击"区域光"按钮，如图4-9所示。在场景中创建一个区域光。

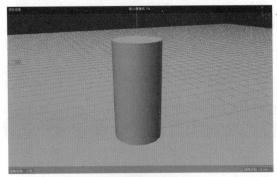

图4-8

图4-9

07 在视图中，调整区域光的大小及位置至图4-10所示。

图4-10

08 在"投影"组中，设置"投影"为"区域"，如图4-11所示。

图4-11

09 执行菜单栏"选项"｜"阴影"命令，则可以观察场景中灯光所产生的投影效果，如图4-12所示。

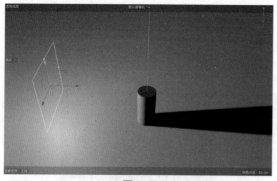

图4-12

10 按Shift+R组合键渲染场景，渲染结果如图4-13所示。

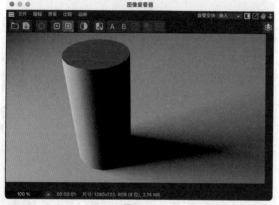

图4-13

4.2.2 实例：制作产品照明效果

本实例来详细讲解如何制作产品照明效果，图4-14所示为本实例的最终完成效果。

图4-14

01 启动中文版Cinema 4D 2023软件，打开配套场景文件"糖果罐.c4d"，里面有一个糖果罐模型，并且已经设置好了材质，如图4-15所示。

02 该场景中没有设置灯光，我们可以执行菜单栏"渲染"|"渲染到图像查看器"命令，对场景进行渲染。没有灯光的渲染结果如图4-16所示。

图4-15

图4-16

技巧与提示 ✦

我们还可以通过按Shift+R组合键来执行"渲染到图像查看器"命令。

03 仔细查看渲染图像，我们可以看到默认状态下，模型的材质表现不是很清楚，另外，由于没有阴影计算，图像看起来也不真实。单击"区域光"按钮，如图4-17所示。在场景中创建一个区域光。

04 在"属性"面板中的"细节"组中，设置灯光的"水平尺寸"和"垂直尺寸"为30cm，如图4-18所示。

05 在"投影"组中，设置"投影"为"区域"，如图4-19所示。

06 在"坐标"组中，设置灯光的"变换"属性，如图4-20所示。

图4-17

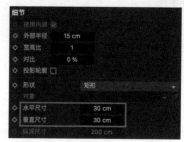

图4-18

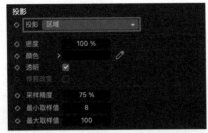

图4-19

图4-20

07 设置完成后，区域光的位置及照射方向如图4-21所示。

图4-21

08 将场景中的区域光进行复制，并在"坐标"组中，设置灯光的"变换"属性，如图4-22所示。

图4-22

09 设置完成后，第二个区域光的位置及照射方向如图4-23所示。

图4-23

10 选择第一个区域光，在"常规"组中，设置"强度"为50%，如图4-24所示。

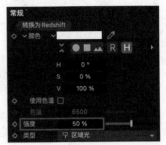

图4-24

11 设置完成后，渲染场景，渲染结果如图4-25所示。

图4-25

12 按Ctrl+B组合键，在"渲染设置"面板中，单击"效果"按钮，如图4-26所示。

图4-26

13 在弹出的菜单中勾选"全局光照"复选框，设置完成后，软件在渲染图像时会开启全局光照计算，设置"预设"为"内部-高"，如图4-27所示。

14 渲染场景，渲染结果如图4-28所示。

图4-27

图4-28

⑮ 在"滤镜"组中，勾选"激活滤镜"复选框，设置"饱和度"为10%、"亮度"为10%、"对比度"为20%，如图4-29所示。

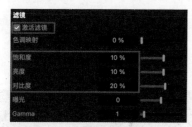

图4-29

⑯ 本实例的最终渲染结果如图4-30所示。

图4-30

技巧与提示 ❖

在本节对应的视频教学里，还讲解了与图像保存方面相关的知识点。

4.2.3　实例：制作室内天光照明效果

本实例来详细讲解如何制作室内天光照明效果，图4-31所示为本实例的最终完成效果。

图4-31

01 启动中文版Cinema 4D 2023软件，打开配套场景文件"客厅.c4d"，里面为一个放置了简单家具的客厅模型，并且已经设置好了材质和摄像机，如图4-32所示。

图4-32

02 按Shift+R组合键渲染场景，场景的默认渲染结果如图4-33所示。

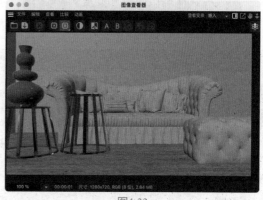

图4-33

03 单击"区域光"按钮，如图4-34所示。在场景中创建一个区域光。

04 在"透视视图"中，调整灯光的位置至室外窗户位置处，如图4-35所示。

05 在"属性"面板中的"投影"组中，设置"投影"为"区域"，如图4-36所示。

06 按住Ctrl键，配合"移动"工具复制一个区域光至另一个窗户位置处，如图4-37所示。

07 回到摄影机视图，渲染场景，渲染结果如图4-38所示。

08 按Ctrl+B组合键，在"渲染设置"面板中，单击"效果"按钮，如图4-39所示。

图4-34

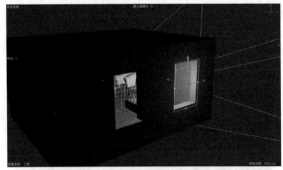

图4-35

图4-36

图4-37

图4-38

图4-39

09 在弹出的菜单中勾选"全局光照"复选框，设置完成后，软件在渲染图像时会开启全局光照计算，设置"预设"为"内部-高"，如图4-40所示。

图4-40

10 设置"渲染器"为"物理"、"采样品质"为"高"，如图4-41所示。

11 渲染场景，渲染结果如图4-42所示。

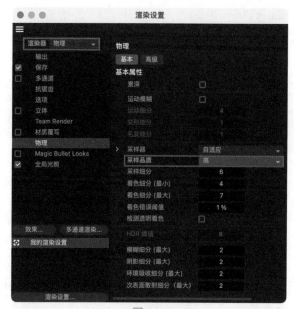

图4-41

图4-42

12 在"滤镜"组中，勾选"激活滤镜"复选框，设置"饱和度"为10%、"亮度"为5%、"对比度"为15%，如图4-43所示。

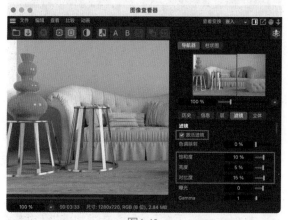

图4-43

13 本实例的最终渲染结果如图4-44所示。

图4-44

4.2.4 实例：制作室内阳光照明效果

本实例来详细讲解如何制作室内阳光照明效果，图4-45所示为本实例的最终完成效果。

图4-45

01 启动中文版Cinema 4D 2023软件，打开配套场景文件"客厅.c4d"，里面为一个放置了简单家具的客厅模型，并且已经设置好了材质和摄像机，如图4-46所示。

图4-46

02 单击"物理天空"按钮，如图4-47所示。在场景中创建一个物理天空灯光。

03 在"时间与区域"组中，设置时间为下午6点，如图4-48所示。

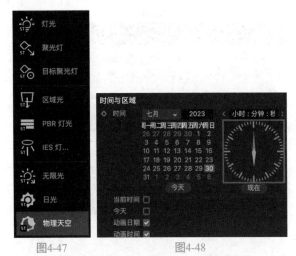

图4-47　　　　　　　　图4-48

04 在"坐标"组中，设置灯光的变换属性，如图4-49所示。

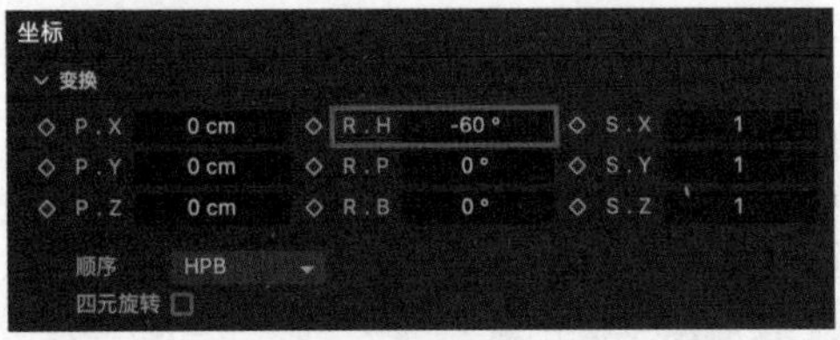

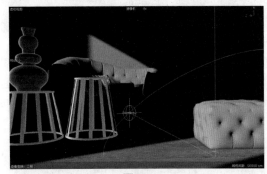

图4-49

05 设置完成后，观察灯光透过窗户在场景中产生的光影效果，如图4-50所示。

图4-50

06 渲染场景，渲染结果如图4-51所示。

图4-51

07 按Ctrl+B组合键，在"渲染设置"面板中，单击"效果"按钮，如图4-52所示。

图4-52

08 在弹出的菜单中勾选"全局光照"复选框，设置完成后，软件在渲染图像时会开启全局光照计算，设置"预设"为"内部-高"，如图4-53所示。

图4-53

09 设置"渲染器"为"物理"、"采样器"为"固定的"、"采用品质"为"高"，如图4-54所示。

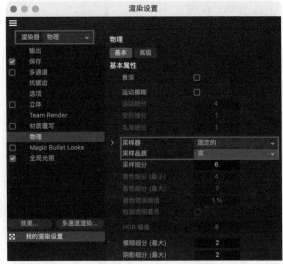

图4-54

⑩ 设置完成后，渲染场景，渲染结果如图4-55所示。

图4-55

⑪ 单击"区域光"按钮，如图4-56所示。在场景中创建一个区域光。

⑫ 在"透视视图"中，调整灯光的位置至室外窗户位置处，如图4-57所示。

⑬ 在"常规"组中，设置灯光的"投影"为"区域"，如图4-58所示。

⑭ 按住Ctrl键，配合"移动"工具复制一个区域光至门的位置处，如图4-59所示。

⑮ 设置完成后，渲染场景，渲染结果如图4-60所示。

图4-56

图4-57

图4-58

⑯ 在"滤镜"组中，勾选"激活滤镜"复选框，设

置"饱和度"为10%、"亮度"为5%、"对比度"为20%，如图4-61所示。

图4-59

图4-60

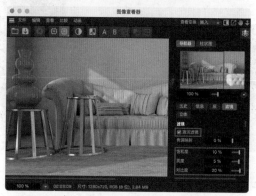

图4-61

⑰ 本实例的最终渲染结果如图4-62所示。

图4-62

4.2.5 实例：制作天空照明效果

本实例来详细讲解如何制作天空照明效果，图4-63所示为本实例的最终完成效果。

图4-63

01 启动中文版Cinema 4D 2023软件，打开配套场景文件"楼房.c4d"，里面为一栋楼房模型，并且已经设置好了材质和摄像机，如图4-64所示。

02 单击"物理天空"按钮，如图4-65所示。在场景中创建一个物理天空灯光。

图4-64　　　　　　　图4-65

03 创建完成后，视图显示结果如图4-66所示。

图4-66

04 渲染场景，渲染结果如图4-67所示。

05 单击"编辑渲染设置"按钮，如图4-68所示。

图4-67

图4-68

06 在"渲染设置"面板中勾选"全局光照"复选框，设置"预设"为"外部-物理天空"，如图4-69所示。

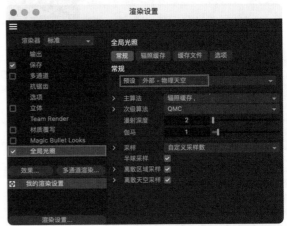

图4-69

07 设置完成后，渲染场景，渲染结果如图4-70所示。

图4-70

08 在"基本属性"组中，勾选"云"复选框，如图4-71
所示。

图4-71

09 再次渲染场景，本实例的最终渲染结果如图4-72
所示。

图4-72

第5章——
摄像机技术

5.1
摄像机概述

从公元前400多年墨子记述针孔成像开始，到现在众多高端品牌的相机产品，摄像机无论是在外观、结构，还是功能上都发生了翻天覆地的变化。最初的相机结构相对简单，仅仅包括暗箱、镜头和感光的材料，拍摄出来的画面效果也不尽如人意。而现代的相机以其精密的镜头、光圈、快门、测距、输片、对焦等系统和融合了光学、机械、电子、化学等技术的成像方式可以随时随地记录我们的生活画面，将一瞬间的精彩永久保留。

中文版Cinema 4D 2023软件中的摄像机包含的参数命令与现实当中我们所使用的摄像机参数非常相似，例如焦距、光圈、快门、曝光等，也就是说，如果用户是一个摄影爱好者，那么学习本章的内容将会得心应手。跟其他章节的内容来比较，摄像机的参数相对较少，但是并不意味着每个人都可以轻松地学习和掌握摄像机技术，学习摄像机技术就像我们拍照一样，读者还要额外多学习一些有关画面构图方面的知识，有助于帮助自己将作品中较好的一面展示出来。图5-1和图5-2所示为日常生活中所拍摄的一些画面。

图5-1

图5-2

5.2
摄像机工具

中文版Cinema 4D 2023软件的"透视视图"实际上就是"默认摄像机"的观察角度，我们还可以单击菜单栏中的"摄像机"按钮来将"透视视图"切换至其他视图，例如"左视图""右视图""正视图"等，如图5-3所示。

通常我们在进行项目制作时，都要自己重新创建一个摄像机来固定我们的拍摄角度或者制作摄像机动画，按住"摄像机"按钮可以弹出下拉菜单，在下拉菜单中我们可以看到其他不同类型的摄像机工具，如图5-4所示。在这几种摄像机工具中，第一种"摄像机"工具最为常用。

图5-3   图5-4

工具解析

- 摄像机：创建摄像机。
- 目标摄像机：创建目标摄像机。
- 立体摄像机：创建立体摄像机。
- 运动摄像机：创建运动摄像机。
- 摄像机变换：创建摄像机变换。
- 摇臂摄像机：创建摇臂摄像机。

5.2.1 基础操作：创建摄像机

【知识点】创建摄像机、切换摄像机视图。

01 启动中文版Cinema 4D 2023软件，单击"立方体"按钮，如图5-5所示。在场景中创建一个立方体模型，如图5-6所示。

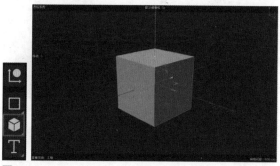

图5-5   图5-6

02 单击"摄像机"按钮，如图5-7所示，即可根据视图的角度创建一个新的摄像机。

03 观察"对象"面板，我们可以看到场景中多了一个摄像机，如图5-8所示。

图5-7   图5-8

04 旋转视图，我们也可以看到这个刚刚创建出来的摄像机，如图5-9所示。

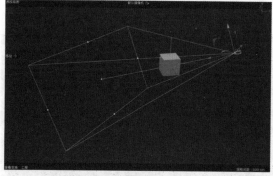

图5-9

05 单击"对象"面板中摄像机后方的方形图标，如图5-10所示，即可将当前的默认摄像机"透视视图"切换至刚刚新建摄像机的拍摄角度，如图5-11所示。

图5-10

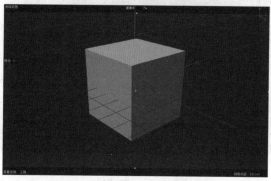

图5-11

06 在"摄像机视图"中，将光标放置于视图上方、下方、左方或右方的点上，按住并缓缓拖动，如图5-12所示，即可调整摄像机的拍摄范围。

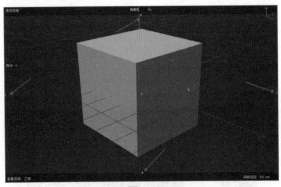

图5-12

07 在"属性"面板中，我们也可以通过更改"对象属性"组内的"焦距""视野范围""视野（垂直）"这3个参数来更改摄像机的拍摄范围，这3个参数的数值是相互关联的，如图5-13所示。

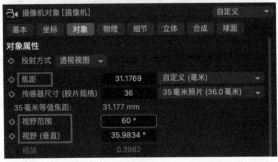

图5-13

08 在"对象属性"组中，更改"投射方式"的类型，也可以将当前的"透视视图"更改为其他视图，如图5-14所示。

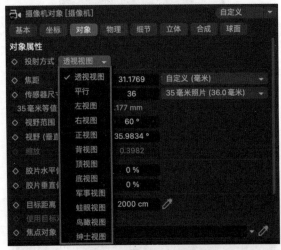

图5-14

09 单击"摄像机"按钮，在场景中任意位置处创建两个新的摄像机。创建完成后，我们可以通过单击"对象"面板中摄像机后方的方形图标，在多个摄像机视图之间进行切换，如图5-15所示。

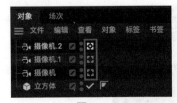

图5-15

5.2.2 实例：锁定摄像机

本实例来详细讲解摄像机的创建及锁定技巧，图5-16所示为本实例的最终完成效果。

图5-16

01 启动中文版Cinema 4D 2023软件，打开配套场景文件"餐厅.c4d"，如图5-17所示。

图5-17

02 在"透视视图"中调整默认摄像机的观察角度至图5-18所示。

图5-18

03 单击"摄像机"按钮，即可根据"透视视图"的观察角度来创建新的摄像机，如图5-19所示。

04 执行菜单栏"摄像机"|"使用摄像机"|"摄像机"命令,如图5-20所示,即可将当前视图切换至新创建的摄像机视图。

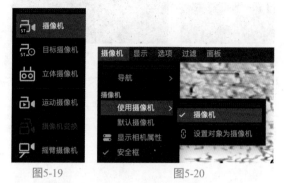

图5-19 图5-20

05 在"属性"面板中的"坐标"组中,调整摄像机的"变换"属性值,如图5-21所示。

图5-21

06 设置完成后,渲染场景,新创建摄像机的渲染角度如图5-22所示。

图5-22

07 执行菜单栏"摄像机"|"默认摄像机"命令,如图5-23所示,即可将视图切换为默认摄像机视图。

图5-23

08 我们可以观察到新创建出来的摄像机的位置,如图5-24所示。

图5-24

09 第1种方法是选择场景中的摄像机,在"对象"面板中,右击并在弹出的快捷菜单中执行"装配标签"|"保护"命令,即可为所选择的摄像机添加一个保护标签。添加完成后,摄像机的名称后面会出现"保护"标签的图标,如图5-25所示。

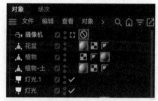

图5-25

10 用户这时可以尝试选择摄像机,会发现添加了"保护"标签后,摄像机将无法移动、旋转和缩放,从而起到锁定摄像机的作用。如果希望解除保护,则可以在"对象"面板中,单击选中"保护"标签图标,如图5-26所示,按Delete键,将其删除即可。

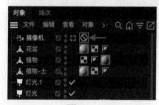

图5-26

11 第2种方法是可以选中摄像机,在"对象"面板中,单击"摄像机"后面的方形按钮,在弹出的菜单中执行"加入新层"命令,如图5-27所示。

图5-27

12 在"基本属性"组中,我们可以看到下方有个"锁定"选项,在默认状态下处于未勾选状态,如图5-28所示。

图5-28

13 将其勾选即可锁定处于该图层的摄像机，同时，观察"对象"面板，我们可以看到"摄像机"后面出现一个锁头的标志，如图5-29所示。

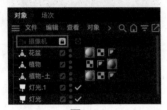

图5-29

14 在"层"面板中，我们可以单击"锁定"下方的锁头按钮，对其进行解锁，如图5-30所示。

图5-30

15 我们还可以单击"层"面板右侧垃圾桶形状的"删除层"按钮，将该图层删除，如图5-31所示，从而对处于该图层的摄像机进行解锁操作。

图5-31

16 接下来，我们来学习第3种锁定摄像机的方法。选中摄像机，在0帧位置处单击"记录活动对象"按钮，如图5-32所示，为摄像机添加关键帧。

17 设置完成后，我们可以在软件界面下方左侧看到刚刚为摄像机添加的关键帧，如图5-33所示。

18 这样，我们仍然可以在场景中随意更改摄像机的拍摄角度，然后通过拖动"时间滑块"按钮来还原摄像机记录了关键帧的位置及角度。

图5-32

图5-33

技巧与提示 ✥

　　本小节讲解了3种常见的锁定摄像机的方法，读者可以根据自己的项目要求来选择合适的方法锁定摄像机。

5.2.3　实例：制作景深效果

　　在本实例中，我们使用上一节完成的文件来详细讲解使用摄像机渲染景深效果的方法。本实例的最终渲染结果如图5-34所示。

图5-34

01 启动中文版Cinema 4D 2023软件，打开配套场景文件"餐厅-完成.c4d"，如图5-35所示。

图5-35

02 按Shift+R组合键，渲染场景，场景的渲染结果如图5-36所示。

03 选择摄像机，在"正视图"中观察摄像机的目标点处于一个非常远的位置，如图5-37所示。接下来，我们在"正视图"中设置目标点的位置至图5-38所示的茶壶位置处。

04 在"渲染设置"面板中，设置"渲染器"为"物理"，并勾选"景深"复选框，如图5-39所示。

图5-36

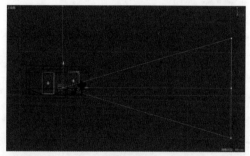

图5-37

图5-38

图5-39

05 渲染场景，这次我们可以看到画面中后方的植物模型出现了微弱的虚化景深效果，如图5-40所示。

06 在"物理渲染器"组中，设置"光圈（f/#）"的值为2，如图5-41所示。

图5-40

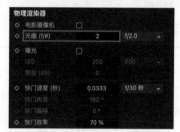

图5-41

技巧与提示 ❖

"光圈（f/#）"值越小，景深的模糊效果越明显。

07 再次渲染场景，渲染结果如图5-42所示。

图5-42

08 读者还可以尝试将摄影机目标点移动至植物模型附近，即可得到如图5-43所示的渲染结果。

图5-43

第 6 章 ——
材质与纹理

6.1
材质概述

材质技术在三维软件中可以真实地反映出物体的颜色、纹理、透明度、光泽以及凹凸质感，使我们的三维作品看起来显得生动、活泼。要想利用好这些属性制作出效果逼真的质感纹理，读者应多多观察身边真实世界中物体的质感特征。图6-1和图6-2所示为笔者所拍摄的几种较为常见的质感照片。

图6-1

图6-2

6.2
材质管理与编辑

中文版Cinema 4D 2023软件为用户提供了"材质管理器"和"材质编辑器"这两个面板，分别用于管理材质和编辑材质。执行菜单栏"窗口"｜"材质管理器"命令，即可在软件界面中显示出"材质管理器"面板，如图6-3所示。执行菜单栏"窗口"｜"材质编辑器"命令，即可打开"材质编辑器"面板，如图6-4所示。在"材质编辑器"面板中，我们可以对材质的"颜色""漫射""发光""透明"等属性所涉及的参数分别进行调整。在实际工作中，我们也可以不打开该面板，因为这些参数在"属性"面板中都可以找到。

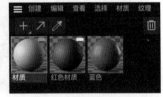

图6-3

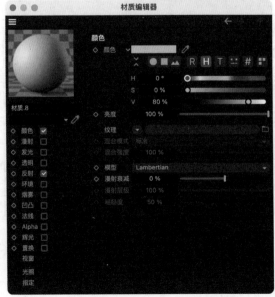

图6-4

6.2.1 基础操作："材质管理器"基本使用方法

【知识点】新建材质、为对象添加材质、删除未使用材质。

01 启动中文版Cinema 4D 2023软件，打开本书配套资源文件"花瓶.c4d"，场景中有一组花瓶的模型，并且已经设置好了灯光及摄像机，如图6-5所示。

图6-5

02 渲染场景，渲染结果如图6-6所示。

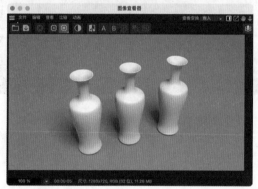

图6-6

03 选择场景中的左侧的第一个花瓶模型，右击并在弹出的快捷菜单中执行"材质"|"创建标准材质"命令，为其添加一个新的材质。设置完成后，在"对象"面板中，可以看到该模型名称后方会出现一个材质标签，如图6-7所示，代表该模型已经添加了材质。

图6-7

技巧与提示❖

我们可以观察"对象"面板中的另外两个花瓶

模型，可以看到其名称后方没有材质标签，说明这两个模型没有材质。另外，如果想要删除材质，那么在"对象"面板中单击选择对应的材质标签，按Delete键即可将其删除。

04 在"对象"面板中选择花瓶模型后面的材质标签，即可在"属性"面板中显示出该材质标签的所有参数，如图6-8所示。

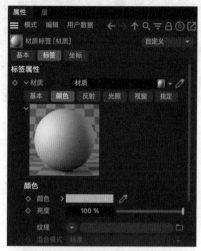

图6-8

05 在"颜色"组中，设置颜色为红色，如图6-9所示。我们可以看到场景中对应花瓶模型的颜色也会发生相应的变化，如图6-10所示。

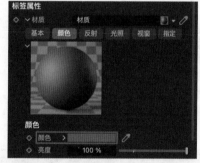

图6-9

图6-10

06 在"基本属性"组中，将材质的名称更改为"红色材质"，如图6-11所示。

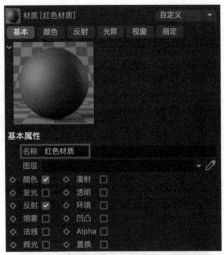

图6-11

07 执行菜单栏"窗口"|"材质管理器"命令，在"材质管理器"面板中，我们可以看到刚刚我们所创建的红色材质，如图6-12所示。

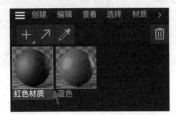

图6-12

技巧与提示 ❖

当我们在场景中选择模型时，对应材质球的边框会显示为橙色。

08 我们还可以在"材质管理器"面板中空白位置处双击，即可创建一个新的材质球，并将其拖动至场景中想要赋予该材质的模型上，以完成材质的指定，如图6-13所示。

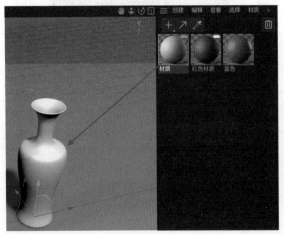

图6-13

09 如果场景中的材质球较多，我们可以执行菜单栏"编辑"|"删除未使用材质"命令，如图6-14所示，删除场景中没有对象使用的材质球。

图6-14

10 以同样的操作步骤为场景中另外两个花瓶分别设置绿色材质和黄色材质，设置完成后，渲染场景，渲染结果如图6-15所示。

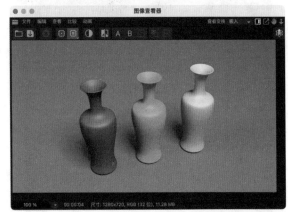

图6-15

6.2.2　基础操作：使用"材质编辑器"来预览材质

【知识点】观察材质。

01 启动中文版Cinema 4D 2023软件，打开本书配套资源文件"花瓶-完成.c4d"，场景中有一组花瓶的模型，并且已经设置好了灯光及摄像机，如图6-16所示。

图6-16

02 执行菜单栏"窗口"|"材质管理器"命令，即可显示出"材质管理器"面板。然后在"材质管理器"面板中执行"编辑"|"材质编辑器"命令，如图6-17所示，即可打开"材质编辑器"面板。

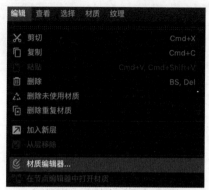

图6-17

03 在"材质编辑器"面板中，将光标放置于材质球上，右击并执行"打开窗口"命令，如图6-18所示，即可单独打开一个窗口来预览材质，如图6-19所示。

图6-18

图6-19

04 将光标放置于材质球上，右击并在弹出的快捷菜单中执行"双面圆环"命令，如图6-20所示，即可将球形的材质球转换为双面圆环来进行显示，如图6-21所示。

05 将光标放置于材质球上，按住鼠标右键并拖动光标，即可通过旋转双面圆环的方式来预览材质，如图6-22所示。

06 以上步骤我们也可以直接在"材质编辑器"面板中进行操作，图6-23～图6-25所示分别为使用"圆角立方体""布料"和"对象"选项来进行材质球的显示。

图6-20

图6-21

图6-22

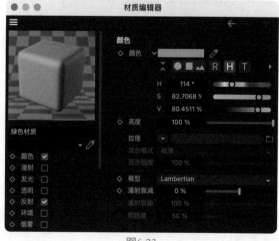

图6-23

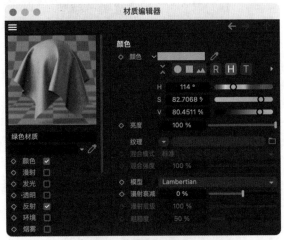

图6-24

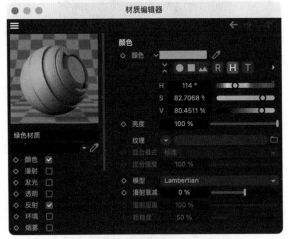

图6-25

6.3
材质类型

中文版Cinema 4D 2023为用户提供了多种不同类型的材质，使用这些材质可以快速制作出一些特定的质感效果。我们首先学习其中较为常用的材质类型。

6.3.1　基础操作：标准材质常用参数

【知识点】标准材质常用参数。

01 启动中文版Cinema 4D 2023软件，打开本书配套资源文件"2023.c4d"，场景中有一个数字模型，并且已经设置好了灯光及摄影机，如图6-26所示。

02 选择场景中的数字模型，右击并在弹出的快捷菜

单中执行"材质"｜"创建标准材质"命令，为其添加一个新的材质。设置完成后，在"对象"面板中可以看到该模型名称后方出现一个材质标签，如图6-27所示，代表该模型已经添加了材质。

图6-26

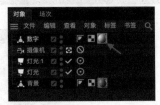

图6-27

03 按Shift+R组合键，渲染场景，我们可以看到标准材质的渲染结果如图6-28所示。

图6-28

04 在"属性"面板中的"颜色"组中，设置"颜色"为橙色，颜色的RGB值为（240，129，50），如图6-29所示。设置完成后，渲染场景，渲染结果如图6-30所示。

05 在"默认高光"组中，设置"宽度"为60%、"高光强度"为100%，如图6-31所示。设置完成后，渲染场景，渲染结果如图6-32所示。我们可以看到数字模型上的高光更明显了。

图6-29

图6-30

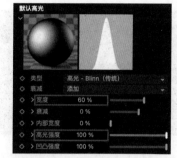

图6-31

图6-32

06 在"基本属性"组中，仅勾选"透明"复选框，如图6-33所示。渲染场景，渲染结果如图6-34所示。我们可以看到数字模型显示为透亮的玻璃质感。

图6-33

图6-34

07 在"透明"组中，设置"吸收颜色"为红色，颜色的RGB值为（232，45，45）、"吸收距离"为5cm，如图6-35所示。渲染场景，渲染结果如图6-36所示。我们可以看到数字模型显示为透亮的红色玻璃质感。

图6-35

图6-36

08 在"透明"组中，设置"吸收距离"为1cm，如图6-37所示。渲染场景，渲染结果如图6-38所示。我们可以看到数字模型显示为透亮的深红色玻璃质感。

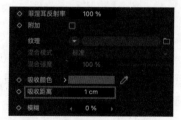

图6-37

图6-38

09 在"基本属性"组中，仅勾选"烟雾"复选框，如图6-39所示。

图6-39

10 在"烟雾"组中，设置"颜色"为红色，颜色的RGB值为（254，127，127），如图6-40所示。

图6-40

11 渲染场景，渲染结果如图6-41所示。我们可以看到数字模型显示为红色的半透明烟雾质感。

图6-41

12 在"烟雾"组中，设置"距离"为10cm，如图6-42所示。渲染场景，渲染结果如图6-43所示。我们可以看到数字模型显示为浅红色的烟雾质感。

13 在"基本属性"组中，仅勾选"颜色"和"辉光"复选框，如图6-44所示。渲染场景，渲染结果如图6-45所示。我们可以看到数字模型周围产生的辉光效果。

图6-42

图6-43

图6-44

图6-45

14 在"基本属性"组中，仅勾选"颜色"和"发光"复选框，如图6-46所示。

图6-46

15 在"发光"组中，设置"颜色"为红色，颜色的RGB值为（234，79，79），如图6-47所示。

图6-47

16 渲染场景，渲染结果如图6-48所示。我们可以看到数字模型周围产生的发光效果。

图6-48

6.3.2　基础操作：草地材质常用参数

【知识点】草地材质常用参数。

01 启动中文版Cinema 4D 2023软件，打开本书配套资源文件"草地.c4d"，场景中有一个地面模型，并且已经设置好了灯光及摄影机，如图6-49所示。

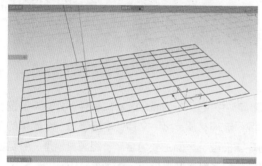

图6-49

02 选择场景中的地面模型，右击并在弹出的快捷菜单中执行"材质"｜"创建草地材质"命令，为其添加一个草地材质。设置完成后，在"对象"面板中，可以看到该模型名称后方会出现草地材质标签，如图6-50所示，代表该模型已经添加了草地材质。

图6-50

03 按Shift+R组合键，渲染场景，我们可以看到标准材质的渲染结果如图6-51所示。

04 在"材质属性"组中，设置"叶片长度"为6cm、"叶片宽度"为0.5cm、"密度"为500%，如图6-52所示。

图6-51

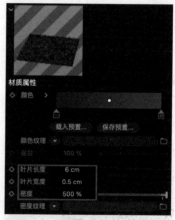

图6-52

05 渲染场景，渲染结果如图6-53所示。我们可以看到场景中草地叶片的密度明显提高了。

图6-53

06 在"材质属性"组中，设置"叶片长度"为12cm、"打结"为100%，如图6-54所示。

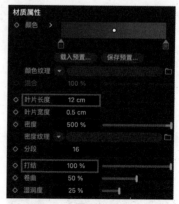

图6-54

07 渲染场景，渲染结果如图6-55所示。我们可以看到场景中草地叶片产生了明显的打结效果。

69

图6-55

08 在"材质属性"组中，设置"打结"为10%、"卷曲"为100%，如图6-56所示。

图6-56

09 渲染场景，渲染结果如图6-57所示。我们可以看到场景中草地叶片产生了明显的卷曲效果。

图6-57

10 在"材质属性"组中，设置"湿润度"为100%，如图6-58所示。

图6-58

11 渲染场景，渲染结果如图6-59所示。我们可以看到场景中草地叶片产生了明显的高光效果。

图6-59

6.3.3 实例：制作玻璃材质

本实例主要讲解如何使用"标准材质"来制作玻璃材质，最终渲染效果如图6-60所示。

图6-60

01 启动中文版Cinema 4D 2023软件，打开本书配套资源"玻璃材质.c4d"文件，本场景为一个简单的室内环境模型，里面主要包含了一组酒具模型，并且已经设置好了灯光及摄像机，如图6-61所示。

图6-61

02 选择酒杯模型，如图6-62所示。右击并在弹出的快捷菜单中执行"材质"|"创建标准材质"命令，为其添加一个标准材质。

03 在"属性"面板中的"基本属性"组中，更改材质名称为"玻璃"，并仅勾选"透明"复选框，如图6-63所示。

04 设置完成后，渲染场景，玻璃杯的渲染结果如图6-64所示。

图6-62

图6-63

图6-64

技巧与提示 ✥

　　读者需注意，本实例中的玻璃杯材质只调了1个参数。

05 选择酒瓶模型，如图6-65所示。右击并在弹出的快捷菜单中执行"材质"｜"创建标准材质"命令，为其添加一个标准材质。

图6-65

06 在"属性"面板中的"基本属性"组中，更改材质名称为"绿色玻璃"，并仅勾选"透明"复选框，如图6-66所示。

图6-66

07 在"透明"组中，设置"颜色"为绿色，颜色的RGB值为（77，201，104），如图6-67所示。

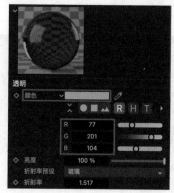

图6-67

技巧与提示 ✥

　　读者需注意，本实例中的绿色玻璃酒瓶材质只调了两个参数。

08 渲染场景，本实例中酒杯模型和酒瓶模型的玻璃材质渲染结果如图6-68所示。

图6-68

6.3.4　实例：制作金属材质

　　本实例主要讲解如何使用"标准材质"来制作金属材质，最终渲染效果如图6-69所示。

图6-69

01 启动中文版Cinema 4D 2023软件，打开本书配套资源"金属材质.c4d"文件，本场景为一个简单的室内环境模型，桌上放置了一只水壶模型、一把勺子和一个小罐子模型，并且已经设置好了灯光及摄影机，如图6-70所示。

图6-70

02 选择水壶模型，如图6-71所示。右击并在弹出的快捷菜单中执行"材质"｜"创建标准材质"命令，为其添加一个标准材质。

图6-71

03 在"属性"面板中的"基本属性"组中，更改材质名称为"红铜色金属"，并仅勾选"反射"复选框，如图6-72所示。

04 在"默认高光"组中，设置"类型"为GGX、"粗糙度"为15%、"反射强度"为100%、"高光强度"为100%、"颜色"为浅红色，颜色的RGB值为（205，152，127），如图6-73所示。

05 设置完成后，渲染场景，红铜色金属水壶的渲染结果如图6-74所示。

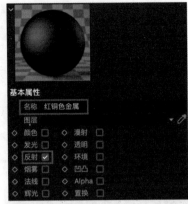

图6-72

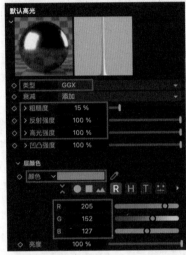

图6-73

图6-74

06 选择勺子和罐子模型，如图6-75所示。右击在弹出的快捷菜单中并执行"材质"｜"创建标准材质"命令，为其添加一个标准材质。

07 在"属性"面板中的"基本属性"组中，更改材质名称为"黄铜色金属"，并仅勾选"反射"复选框，如图6-76所示。

08 在"默认高光"组中，设置"类型"为GGX、"粗糙度"为20%、"反射强度"为100%、"高光强度"为100%、"颜色"为棕黄色，颜色的RGB值为（152，125，85），如图6-77所示。

图6-75

图6-76

图6-77

09 渲染场景，本实例中的金属材质渲染结果如图6-78所示。

图6-78

6.3.5 实例：制作玉石材质

本实例主要讲解如何使用"标准材质"来制作玉石材质效果，最终渲染效果如图6-79所示。

图6-79

01 启动中文版Cinema 4D 2023软件，打开本书配套资源"玉石材质.c4d"文件，本场景为一个简单的室内环境模型，桌上放置了一个小鹿形状的雕塑模型，并且已经设置好了灯光及摄像机，如图6-80所示。

图6-80

02 选择鹿模型，如图 6-81所示。右击并在弹出的快捷菜单中执行"材质"｜"创建标准材质"命令，为其添加一个标准材质。

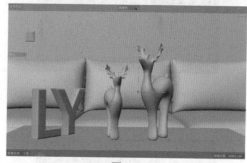

图6-81

03 在"属性"面板中的"基本属性"组中，更改材质名称为"玉石"，并勾选"颜色""发光"和"反射"复选框，如图6-82所示。

04 在"颜色"组中，设置颜色为绿色，颜色的RGB值为（46，83，63），如图6-83所示。

05 在"默认高光"组中，设置"类型"为GGX、"粗糙度"为0%、"反射强度"为100%、"高光强度"为100%、"菲涅耳"为"绝缘体"、"预置"为"翡翠"，如图6-84所示。

图6-82

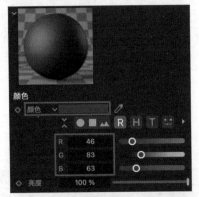

图6-83

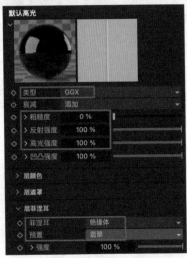

图6-84

06 在"发光"组中，设置"纹理"为"次表面散射"，如图6-85所示。

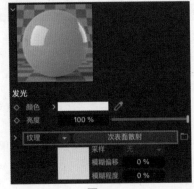

图6-85

07 在"着色器属性"组中，设置"颜色"为绿色，颜色的RGB值为（46，83，63），设置"路径长度"为1cm、"绿"为1000%，如图6-86所示。

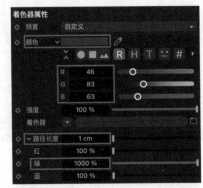

图6-86

08 设置完成后，渲染场景，本实例中玉石材质的渲染结果如图6-87所示。

图6-87

6.3.6 实例：制作陶瓷材质

本实例主要讲解如何使用"标准材质"来制作陶瓷材质效果，最终渲染效果如图6-88所示。

图6-88

01 启动中文版Cinema 4D 2023软件，打开本书配套资源"陶瓷材质.c4d"文件，本场景为一个简单的室内环境模型，桌上放置了一组餐具模型，并且已经设置好了灯光及摄像机，如图6-89所示。

02 选择餐具模型，如图6-90所示。右击并在弹出的快捷菜单中执行"材质"｜"创建标准材质"命令，为其添加一个标准材质。

图6-89

图6-90

03 在"属性"面板中的"基本属性"组中，更改材质名称为"蓝色陶瓷"，如图6-91所示。

图6-91

04 在"颜色"组中，设置颜色为蓝色，颜色的RGB值为（56，115，134），如图6-92所示。

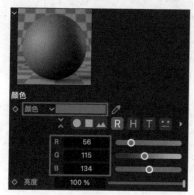

图6-92

05 在"默认高光"组中，设置"类型"为GGX、"粗糙度"为10%、"反射强度"为100%、"高光强度"为100%、"菲涅耳"为"绝缘体"，如图6-93所示。

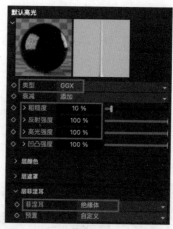

图6-93

06 设置完成后，渲染场景，蓝色陶瓷的渲染结果如图6-94所示。

图6-94

07 选择如图6-95所示的面，执行菜单栏"选择"｜"选择连接"命令，即可选择如图6-96所示的3个碗模型上的所有面。

图6-95

图6-96

技巧与提示 ❖

我们还可以在"面"模式中，按住Shift键，通过双击的方式来选择整个碗上的所有面。

08 执行菜单栏"窗口"|"材质管理器"命令，在"材质管理器"面板中按住+号按钮，执行"新标准材质"命令，如图6-97所示。创建完成后，将该材质球拖曳至场景中所选择的面上，即可为所选择的面添加该材质球。

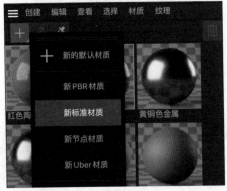

图6-97

09 以同样的操作步骤设置该材质为红色的陶瓷材质，如图6-98所示。

图6-98

10 渲染场景，本实例的最终渲染结果如图6-99所示。

图6-99

6.4 纹理与 UV

使用贴图纹理的效果要比仅仅使用单一颜色能更加直观地表现出物体的真实质感。添加了纹理，可以使物体的表面看起来更加细腻、逼真，配合材质的反射、折射、凹凸等属性，可以使渲染出来的场景更加真实和自然。纹理与UV密不可分，当我们为材质添加贴图纹理时，如何让贴图纹理能够正确地覆盖在模型表面，则需要我们为模型添加UV二维贴图坐标。

虽然Cinema 4D 在默认情况下会为许多基本多边形模型自动创建UV，但是在大多数情况下，还是需要我们重新为物体指定UV。根据模型形状的不同，Cinema 4D 为用户提供了多种不同的UV投射方式，在"UV编辑"工具架上我们可以找到这些工具的图标，如图6-100所示。

图6-100

图6-101～图6-109所示分别为不同投射方式下的纹理显示结果。

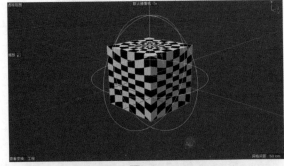

图6-101

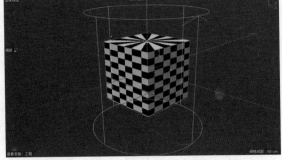

图6-102

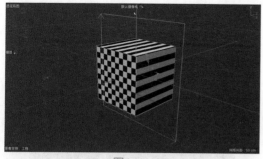

图6-103

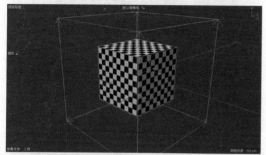

图6-104

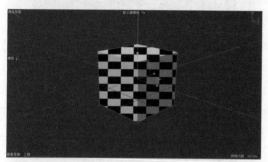

图6-105

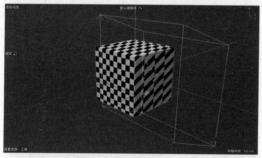

图6-106

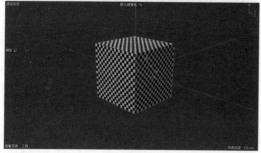

图6-107

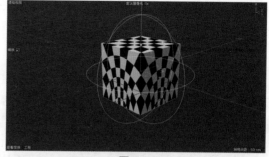

图6-108

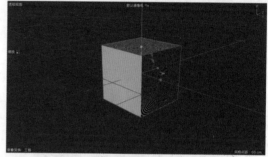

图6-109

6.4.1 实例：制作凹凸材质

本实例主要讲解带有凹凸效果的花瓶材质制作方法，最终渲染效果如图6-110所示。

图6-110

01 启动中文版Cinema 4D 2023软件，打开本书配套资源"花瓶材质.c4d"文件，本场景为一个简单的室内环境模型，桌上放置了一个花瓶模型，并且已经设置好了灯光及摄像机，如图6-111所示。

图6-111

02 选择花瓶模型，如图6-112所示。右击并在弹出的快捷菜单中执行"材质"|"创建标准材质"命令，为其添加一个标准材质。

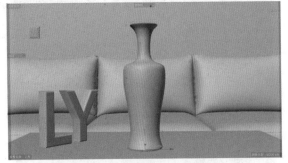
图6-112

03 在"属性"面板中的"基本属性"组中，更改材质名称为"花瓶"，并勾选"颜色""反射"和"凹凸"复选框，如图6-113所示。

图6-113

04 在"颜色"组中，设置颜色为红色，颜色的RGB值为（160，13，13），如图6-114所示。

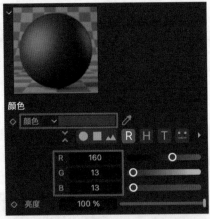
图6-114

05 在"默认高光"组中，设置"类型"为GGX、"粗糙度"为5%、"反射强度"为100%、"高光强度"为100%、"菲涅耳"为"绝缘体"，如图6-115所示。

06 在"凹凸"组中，设置"纹理"为"噪波"、"强度"为5%，如图6-116所示。

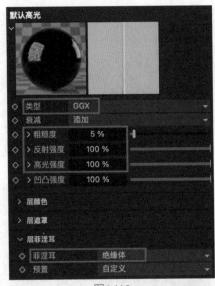
图6-115

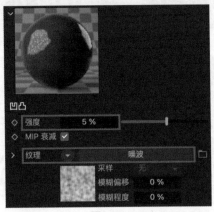
图6-116

07 在"着色器属性"组中，设置"噪波"为"沃格1"、"空间"为"UV（二维）"、"全局缩放"为60%，如图6-117所示。

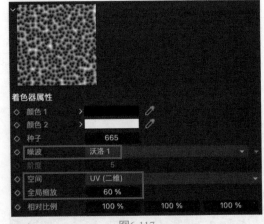
图6-117

08 设置完成后，渲染场景，本实例中带有凹凸质感的花瓶材质渲染结果如图6-118所示。

图6-118

6.4.2 实例：制作渐变色材质

本实例主要讲解带有渐变色效果的玻璃材质制作方法，最终渲染效果如图6-119所示。

图6-119

01 启动中文版Cinema 4D 2023软件，打开本书配套资源"渐变材质.c4d"文件，本场景为一个简单的室内环境模型，桌上放置了一个羊形状的雕塑摆件模型，并且已经设置好了灯光及摄像机，如图6-120所示。

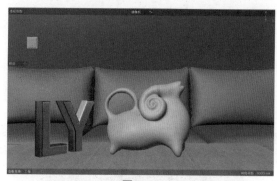

图6-120

02 选择雕塑模型，如图6-121所示。右击并在弹出的快捷菜单中执行"材质"｜"创建标准材质"命令，为其添加一个标准材质。

03 在"属性"面板中的"基本属性"组中，更改材

质名称为"彩色玻璃"，并仅勾选"透明"复选框，如图6-122所示。

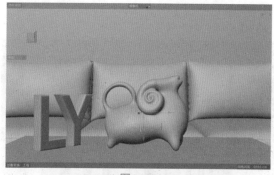

图6-121

图6-122

04 在"透明"组中，设置"纹理"为"渐变"，如图6-123所示。

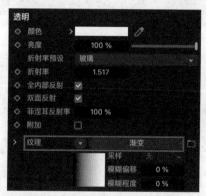

图6-123

05 在"着色器属性"组中，单击"载入预置"按钮，如图6-124所示。

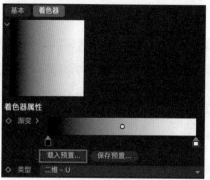

图6-124

06 在弹出的预置面板中，选择Rainbow 2（彩虹色2），如图6-125所示。设置完成后，观察"着色器属性"组内的"渐变"颜色，如图6-126所示。

图6-125

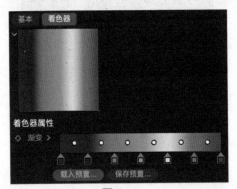

图6-126

07 在"透明"组中，设置"投射"为"平直"，如图6-127所示。

图6-127

08 单击软件界面上方的"纹理"按钮，如图6-128所示。

图6-128

09 在视图中调整雕塑模型的UV坐标至图6-129所示。

图6-129

10 设置完成后，渲染场景，渐变色玻璃材质的渲染结果如图6-130所示。

图6-130

11 在"透明"组中，设置"折射率预设"为"钻石"，如图6-131所示。这样，我们可以得到更加透亮的渐变色玻璃材质效果。

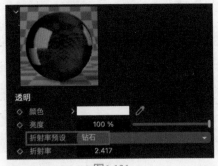

图6-131

技巧与提示❖

透明物体的折射率越高，在光照下显得越明亮。

12 设置完成后，渲染场景，本实例中带有渐变色效果的玻璃材质渲染结果如图6-132所示。

图6-132

6.4.3 实例：使用"标准材质"制作图书材质

本实例主要讲解如何使用"标准材质"里的"投射"命令来为图书模型指定贴图坐标，本实例的最终渲染效果如图6-133所示。

图6-133

01 启动中文版Cinema 4D 2023软件，打开本书配套资源"图书材质.c4d"文件，本场景为一个简单的室内环境模型，桌上放置了一本图书模型，并且已经设置好了灯光及摄像机，如图6-134所示。

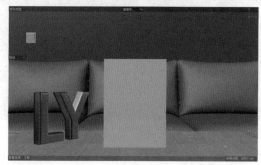

图6-134

02 选择图书模型，如图6-135所示。右击并在弹出的快捷菜单中执行"材质"｜"创建标准材质"命令，为其添加一个标准材质。

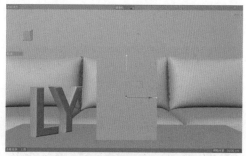

图6-135

03 在"属性"面板中的"基本属性"组中，更改材质名称为"图书材质"，如图6-136所示。

图6-136

04 在"颜色"组中，为"纹理"属性添加一张"book-a.jpg"贴图，如图6-137所示。

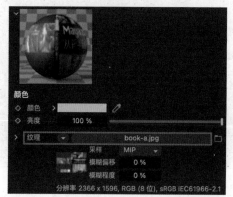

图6-137

05 选择图书模型，单击"工具栏"上的"视窗独显"按钮，如图6-138所示，即可在视图中只显示刚刚选中的对象，如图6-139所示。

图6-138

图6-139

06 在"颜色"组中，设置"投射"为"平直"，如图6-140所示。

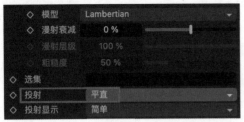

图6-140

07 选择图书模型，按C键，将其转换为可编辑对象。单击软件界面上方的"纹理"按钮，如图6-141所示。

图6-141

08 在"透视视图"中，调整出图书封面的纹理坐标至图6-142所示。

图6-142

09 选择图书模型上如图6-143所示的面，按Shift+F2组合键，打开"材质管理器"面板，将刚刚做好的"图书材质"拖动至所选择的面上。

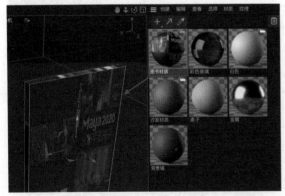

图6-143

10 观察"对象"面板，我们可以看到图书模型名称

后面会出现第2个材质标签，如图6-144所示。

图6-144

11 在"颜色"组中，设置"投射"为"平直"，如图6-145所示。

图6-145

12 在"透视视图"中，调整出图书封底的纹理坐标至图6-146所示。

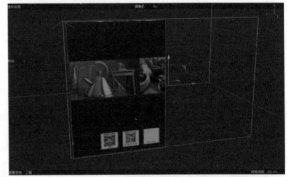

图6-146

13 以同样的操作步骤制作出图书书脊位置处的纹理坐标，如图6-147所示。

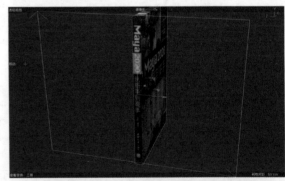

图6-147

14 在"材质管理器"面板中，新建一个标准材质，并将其赋予图书模型上的书页部分，如图6-148所示，完成图书模型材质的制作。

15 设置完成后，渲染场景，本实例中的图书材质渲染结果如图6-149所示。

图6-148

图6-149

6.4.4 实例：使用"UV 纹理编辑器"制作图书材质

本实例主要讲解使用"UV纹理编辑器"面板来为图书模型指定贴图坐标，本实例的最终渲染效果如图6-150所示。

图6-150

01 启动中文版Cinema 4D 2023软件，打开本书配套资源"图书材质.c4d"文件，本场景为一个简单的室内环境模型，桌上放置了一本图书模型，并且已经设置好了灯光及摄像机，如图6-151所示。

02 选择图书模型，如图6-152所示。右击并在弹出的快捷菜单中执行"材质"｜"创建标准材质"命令，为其添加一个标准材质。

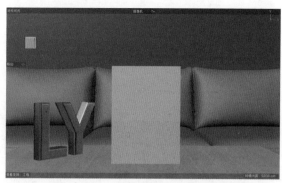

图6-151

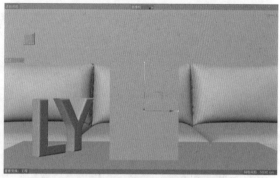

图6-152

03 在"属性"面板中的"基本属性"组中，更改材质名称为"图书材质"，如图6-153所示。

图6-153

04 在"颜色"组中，为"纹理"属性添加一张"book-b.jpg"贴图，如图6-154所示。

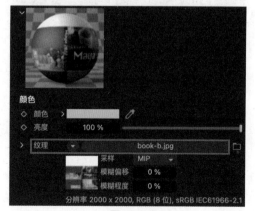

图6-154

05 选择图书模型，单击"工具栏"上的"视窗独

显"按钮，如图6-155所示，即可在视图中只显示刚
刚选中的对象，如图6-156所示。

06 选择图书模型，按C键，将其转换为可编辑对
象。将软件界面切换至UVEdit（UV编辑）工作区，
如图6-157所示。

图6-155

图6-156

图6-157

07 在"UV管理器"面板中，单击"方形"按钮，
如图6-158所示，即可对图书模型进行UV纹理展开
计算。

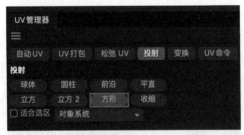

图6-158

08 在"纹理UV编辑器"面板中，我们可以观察到
UV纹理展开后的结果如图6-159所示。

09 在"纹理UV编辑器"面板中，执行菜单栏"文
件" | "打开纹理"命令，浏览"book-b.jpg"贴图
文件，这样可以将其显示在"纹理UV编辑器"面板
中，如图6-160所示。

10 在"透视视图"中，选择如图6-161所示的面，
在"纹理"面板中，调整其位置至图6-162所示。

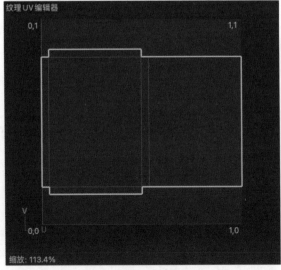

图6-159

图6-160

图6-161

图6-162

技巧与提示

“纹理UV编辑器”面板在软件菜单栏中的名称为“UV纹理编辑器”，当我们将其显示为一个单独的窗口时，其名称为“纹理”。

此外，有关在“纹理”面板中的具体操作步骤，读者可以观看本书对应的教学视频进行学习。

11 以同样的操作步骤在“纹理”面板中对图书模型进行UV展开，最终制作完成后的图书贴图显示结果如图6-163所示。

图6-163

12 设置完成后，渲染场景，本实例中的图书材质渲染结果如图6-164所示。

图6-164

第 7 章 ——
渲染与输出

7.1
渲染概述

什么是"渲染"？从其在整个项目流程中的环节来说，可以理解为"出图"。渲染真的仅仅是在所有三维项目制作完成后单击"渲染到图像查看器"按钮的那一次最后操作吗？很显然不是。

通常我们所说的渲染指的是在"渲染设置"面板中，通过调整参数来控制最终图像的照明程度、计算时间、图像质量等综合因素，让计算机在一个在合理时间内计算出令人满意的图像，这些参数的设置就是渲染。使用中文版Cinema 4D 2023软件来制作三维项目时，常见的工作流程大多是按照"建模>灯光>材质>摄影机>渲染"来进行的，渲染之所以放在最后，说明这一操作是计算之前流程的最终步骤，其计算过程相当复杂，所以我们需要认真学习并掌握其关键技术。图7-1所示为使用Cinema 4D软件所渲染出来的三维图像作品。

图7-1

7.2
物理渲染器

"标准"渲染器是中文版Cinema 4D 2023软件的默认渲染器，其先进的算法可以高效地利用计算机的硬件资源，在极短的时间内对三维场景进行渲染。当我们希望进一步提高渲染图像的质量时，则可以选择自带的"物理"渲染器。"物理"渲染器渲染图像的结果与"标准"渲染器渲染图像的结果非常相似，但是在一些细节的处理上，"物理"渲染器则计算得更为精确，当然渲染所需要的时间也要更多。

打开"渲染设置"面板，我们可以看到中文版Cinema 4D 2023软件的默认渲染器为"标准"，如图7-2所示。

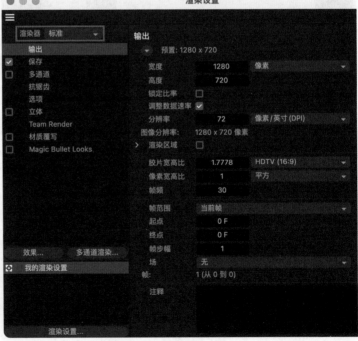

图7-2

7.3
综合实例：卧室天光表现

在本实例中，我们通过一个三维室内场景来学习中文版Cinema 4D 2023的常用材质、灯光及"物理"渲染器的综合运用。实例的最终渲染结果如图7-3所示。

图7-3

打开本书的配套场景资源文件"卧室.c4d"，如图7-4所示。我们首先对该场景中的常用材质进行讲解。

图7-4

7.3.1　制作地板材质

本实例中的地板材质渲染结果如图7-5所示，表面具有一定的凹凸质感及反光效果，具体制作步骤如下。

图7-5

01 在场景中选择地板模型，如图7-6所示。右击并在弹出的快捷菜单中执行"材质"｜"创建标准材质"命令，为其添加一个标准材质。

图7-6

02 在"属性"面板中的"基本属性"组中，更改材质名称为"地板"，并勾选"颜色""反射"和"法线"复选框，如图7-7所示。

图7-7

03 在"颜色"组中，为"纹理"属性添加一张"2号地板.png"贴图，如图7-8所示。

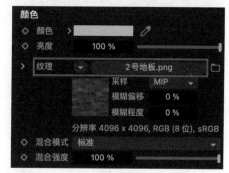

图7-8

04 在"默认高光"组中，设置"类型"为GGX、"粗糙度"为15%、"反射强度"为100%、"高光强度"为100%、"菲涅耳"为"绝缘体"，如图7-9所示。

05 在"法线"组中，为"纹理"属性添加一张"2号地板-法线.png"贴图，如图7-10所示。

06 设置完成后，地板材质球的显示结果如图7-11所示。

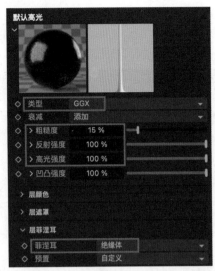

图7-9

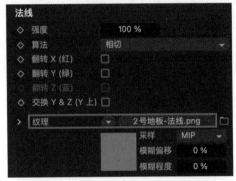

图7-10

图7-11

7.3.2 制作花盆材质

本实例中的花盆材质渲染结果如图7-12所示，具体制作步骤如下。

01 在场景中选择花盆模型，如图7-13所示。右击并在弹出的快捷菜单中执行"材质"｜"创建标准材质"命令，为其添加一个标准材质。

图7-12

图7-13

02 在"属性"面板中的"基本属性"组中，更改材质名称为"大花盆"，并勾选"颜色""反射"和"法线"复选框，如图7-14所示。

图7-14

03 在"颜色"组中，为"纹理"属性添加一张"大花盆.png"贴图，如图7-15所示。

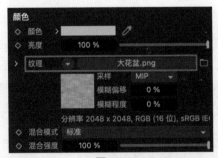

图7-15

04 在"默认高光"组中，设置"类型"为GGX、"粗糙度"为10%、"反射强度"为100%、"高光强度"为100%、"菲涅耳"为"绝缘体"，如图7-16所示。

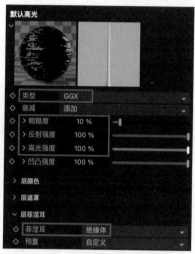

图7-16

05 在"法线"组中,为"纹理"属性添加一张"大花盆-法线.png"贴图,设置"强度"为200%,如图7-17所示。

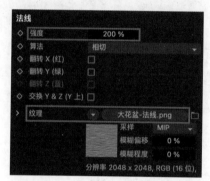

图7-17

06 设置完成后,花盆材质球的显示结果如图7-18所示。

图7-18

7.3.3 制作渐变色玻璃材质

本实例中的渐变色玻璃材质渲染结果如图7-19所示,具体制作步骤如下。

图7-19

01 在场景中选择置物架上的瓶子模型,如图7-20所示。右击并在弹出的快捷菜单中执行"材质"|"创建标准材质"命令,为其添加一个标准材质。

图7-20

02 在"属性"面板中的"基本属性"组中,更改材质名称为"渐变色玻璃",仅勾选"透明"复选框,如图7-21所示。

图7-21

03 在"透明"组中,设置"纹理"为"渐变",如图7-22所示。

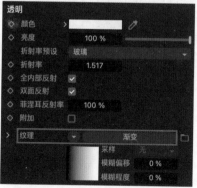

图7-22

04 在"着色器属性"组中,设置"渐变"的第1个颜色为红色,颜色的RGB值为(242,10,48),如图7-23所示。

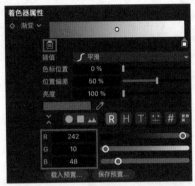

图7-23

05 在"透明"组中,设置"投射"为"平直",如图7-24所示。

图7-24

06 单击软件界面上方的"纹理"按钮,如图7-25所示。

07 在视图中调整瓶子模型的UV坐标至图7-26所示。

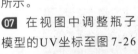

图7-25

图7-26

08 设置完成后,渐变色玻璃材质球的显示结果如图7-27所示。

技巧与提示 ❖

本实例中的渐变色花瓶材质也使用了相似的操作步骤。

图7-27

7.3.4 制作植物叶片材质

本实例中的植物叶片材质渲染结果如图7-28所示,具体制作步骤如下。

图7-28

01 在场景中选择植物叶片模型,如图7-29所示。右击并在弹出的快捷菜单中执行"材质" | "创建标准材质"命令,为其添加一个标准材质。

图7-29

02 在"属性"面板中的"基本属性"组中,更改材质名称为"植物叶片",并勾选"颜色""反射""法线"和Alpha复选框,如图7-30所示。

03 在"颜色"组中,为"纹理"属性添加一张"叶片.png"贴图,如图7-31所示。

04 在"默认高光"组中,设置"类型"为GGX、"粗糙度"为20%、"反射强度"为100%、"高光强度"为100%、"菲涅耳"为"绝缘体",如图7-32所示。

图7-30

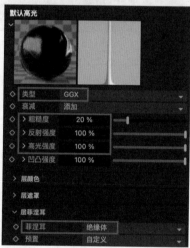

图7-31

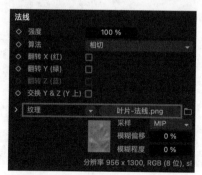

图7-32

05 在"法线"组中，为"纹理"属性添加一张"叶片-法线.png"贴图，如图7-33所示。图7-34所示为设置了法线纹理贴图前后的植物叶片显示结果对比，我们可以看到添加了法线纹理贴图后，叶片上的凹凸质感更明显了。

图7-34

06 在Alpha组中，为"纹理"属性添加一张"叶片-透明.png"贴图，如图7-35所示。图7-36所示为设置了Alpha纹理贴图前后的植物叶片显示结果对比，我们可以看到添加了Alpha纹理贴图后，叶片边缘处多余的绿色被隐藏了起来。

07 设置完成后，植物叶片材质球的显示结果如图7-37所示。

图7-35

图7-36

图7-33

91

图7-36（续）

图7-37

技巧与提示

本实例中的其他植物叶片材质也是使用了同样的操作步骤进行制作的。

7.3.5 制作深色被子材质

本实例中的深色被子材质渲染结果如图7-38所示，具体制作步骤如下。

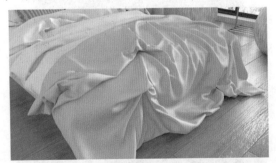

图7-38

01 在场景中选择被子模型，如图7-39所示。右击并在弹出的快捷菜单中执行"材质"｜"创建标准材质"命令，为其添加一个标准材质。

02 在"属性"面板中的"基本属性"组中，更改材质名称为"深灰色被子"，如图7-40所示。

图7-39

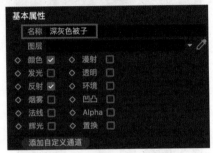

图7-40

03 在"颜色"组中，设置"颜色"为灰色，颜色的RGB值为（160，160，160），如图7-41所示。

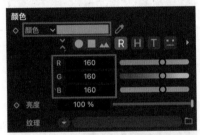

图7-41

04 设置完成后，深色被子材质球的显示结果如图7-42所示。

图7-42

7.3.6　制作蓝色玻璃材质

本实例中蓝色玻璃材质渲染结果如图 7-43 所示，具体制作步骤如下。

图7-43

01 在场景中选择置物架上的杯子模型，如图 7-44 所示。右击并在弹出的快捷菜单中执行"材质"|"创建标准材质"命令，为其添加一个标准材质。

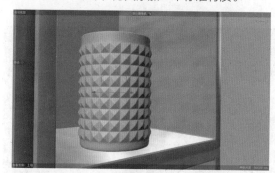

图7-44

技巧与提示 ✦

杯子模型的制作方法，读者可以通过查看本书第 2 章中对应的教学视频进行学习。

02 在"属性"面板中的"基本属性"组中，更改材质名称为"蓝色玻璃"，仅勾选"透明"复选框，如图 7-45 所示。

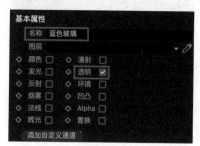

图7-45

03 在"透明"组中，设置"颜色"为蓝色，颜色的 RGB 值为（202，208，242），如图 7-46 所示。

04 设置完成后，蓝色玻璃材质球的显示结果如图 7-47 所示。

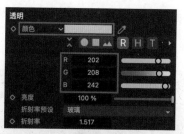

图7-46

图7-47

7.3.7　制作金色金属材质

本实例中金色金属材质渲染结果如图 7-48 所示，具体制作步骤如下。

图7-48

01 在场景中选择置物架上的齿轮模型，如图 7-49 所示。右击并在弹出的快捷菜单中执行"材质"|"创建标准材质"命令，为其添加一个标准材质。

图7-49

02 在"属性"面板中的"基本属性"组中,更改材质名称为"金属材质",仅勾选"反射"复选框,如图7-50所示。

图7-50

03 在"默认高光"组中,设置"类型"为GGX、"粗糙度"为50%、"反射强度"为100%、"高光强度"为100%、"颜色"为黄色,颜色的RGB值为(196,163,115),如图7-51所示。

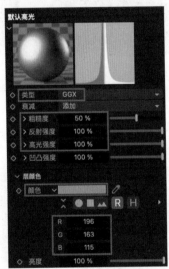

图7-51

04 设置完成后,金色金属材质球的显示结果如图7-52所示。

图7-52

7.3.8 制作环境材质

本实例中窗外的环境材质渲染结果如图7-53所示,具体制作步骤如下。

图7-53

01 在场景中选择室外环境模型,如图7-54所示。右击并在弹出的快捷菜单中执行"材质"|"创建标准材质"命令,为其添加一个标准材质。

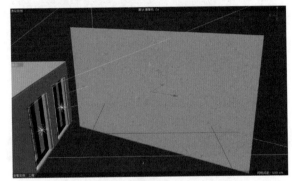

图7-54

02 在"属性"面板中的"基本属性"组中,更改材质名称为"环境",仅勾选"发光"复选框,如图7-55所示。

图7-55

03 在"发光"组中,为"纹理"属性添加一张"窗外.jpeg"贴图,如图7-56所示。

04 在"着色器属性"组中,设置"曝光"为0.3,如图7-57所示。

05 设置完成后,环境材质球的显示结果如图7-58所示。

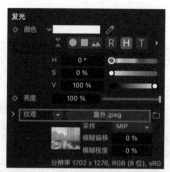

图7-56

图7-57

图7-58

7.3.9 灯光及渲染设置

01 单击"区域光"按钮,如图7-59所示。在场景中创建一个区域光。

02 在"透视视图"中,调整灯光的位置至室外窗户位置处,如图7-60所示。

03 在"属性"面板中的"常规"组中,设置灯光的"强度"为120%、"投影"为"区域",如图7-61所示。

04 按住Ctrl键,配合"移动"工具复制一个区域光至另一个窗户位置处,如图7-62所示。

图7-59

图7-60

图7-61

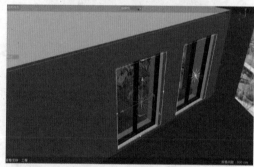

图7-62

05 按Ctrl+B组合键,在"渲染设置"面板中,单击"效果"按钮,如图7-63所示。

图7-63

06 在弹出的菜单中勾选"全局光照"复选框,设置完成后，软件在渲染图像时会开启全局光照计算，在"全局光照"组中，设置"预设"为"内部-高"，如图7-64所示。

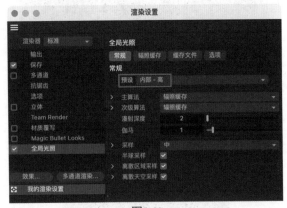

图7-64

07 设置"渲染器"为"物理"，在"物理"组中，设置"采样器"为"自适应"、"采样品质"为"高"，如图7-65所示。

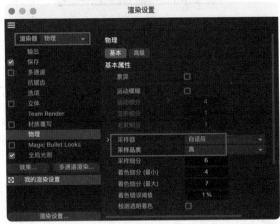

图7-65

08 在"输出"组中，设置"宽度"为2400、"高度"为1400，如图7-66所示。

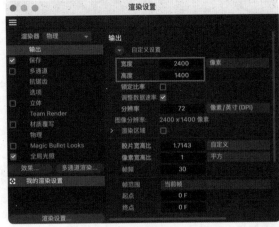

图7-66

09 渲染场景，渲染结果如图7-67所示。

图7-67

10 在"滤镜"组中，勾选"激活滤镜"复选框，设置"亮度"为5%、"对比度"为20%、Gamma为2，如图7-68所示。

图7-68

11 设置完成后，本实例的最终渲染结果如图7-69所示。

图7-69

7.4
综合实例：糖果瓶表现

在本实例中，我们通过一个产品表现的场景来学习中文版Cinema 4D 2023的常用材质、灯光及

"物理"渲染器的综合运用。实例的最终渲染结果如图7-70所示。

图7-70

打开本书的配套场景资源文件"糖果瓶.c4d",如图7-71所示。我们首先对该场景中的常用材质进行讲解。

图7-71

7.4.1 制作瓶身材质

本实例中的瓶身材质渲染结果如图7-72所示,具体制作步骤如下。

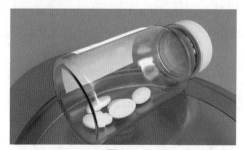

图7-72

01 在场景中选择瓶身模型,如图7-73所示。右击并在弹出的快捷菜单中执行"材质"|"创建标准材质"命令,为其添加一个标准材质。

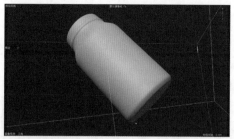

图7-73

02 在"属性"面板中的"基本属性"组中,更改材质名称为"玻璃材质",仅勾选"透明"复选框,如图7-74所示。

图7-74

03 在"透明"组中,设置"颜色"为浅白色,颜色的RGB值为(250,250,250),如图7-75所示。

图7-75

04 设置完成后,瓶身玻璃材质球的显示结果如图7-76所示。

图7-76

7.4.2 制作瓶盖材质

本实例中的瓶盖材质渲染结果如图7-77所示，具体制作步骤如下。

图7-77

01 在场景中选择瓶盖模型，如图7-78所示。右击并在弹出的快捷菜单中执行"材质" | "创建标准材质"命令，为其添加一个标准材质。

图7-78

02 在"属性"面板中的"基本属性"组中，更改材质名称为"绿色瓶盖"，如图7-79所示。

图7-79

03 在"颜色"组中，设置"颜色"为绿色，颜色的RGB值为（146，165，120），如图7-80所示。

图7-80

04 在"默认高光"组中，设置"类型"为GGX、

"粗糙度"为10%、"反射强度"为100%、"高光强度"为100%、"菲涅耳"为"绝缘体"，如图7-81所示。

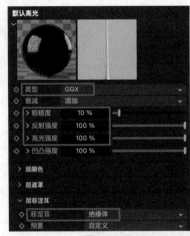

图7-81

05 设置完成后，瓶盖材质球的显示结果如图7-82所示。

图7-82

7.4.3 制作橙色玻璃材质

本实例中的糖果瓶下方的小圆盘使用了橙色的玻璃材质，渲染结果如图7-83所示，具体制作步骤如下。

图7-83

01 在场景中选择小圆盘模型，如图7-84所示。右击并在弹出的快捷菜单中执行"材质"|"创建标准材质"命令，为其添加一个标准材质。

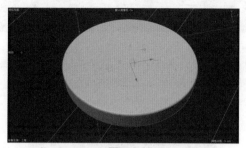

图7-84

02 在"属性"面板中的"基本属性"组中，更改材质名称为"橙色玻璃"，仅勾选"透明"复选框，如图7-85所示。

图7-85

03 在"透明"组中，设置"颜色"为浅橙色，颜色的RGB值为（247，237，219），如图7-86所示。

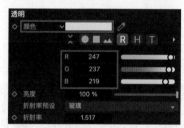

图7-86

04 设置完成后，橙色玻璃材质球的显示结果如图7-87所示。

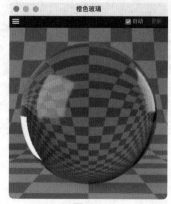

图7-87

7.4.4 制作金属材质

本实例中的瓶盖边缘处的部分使用了金属材质，渲染结果如图7-88所示，具体制作步骤如下。

图7-88

01 在场景中选择瓶盖边缘处的金属部分模型，如图7-89所示。右击并在弹出的快捷菜单中执行"材质"|"创建标准材质"命令，为其添加一个标准材质。

图7-89

02 在"属性"面板中的"基本属性"组中，更改材质名称为"金属材质"，仅勾选"反射"复选框，如图7-90所示。

图7-90

03 在"默认高光"组中，设置"类型"为GGX、"粗糙度"为25%、"反射强度"为100%、"高光强度"为100%、"颜色"为浅白色，颜色的RGB值为（230，230，230），如图7-91所示。

04 设置完成后，金属材质球的显示结果如图 7-92所示。

技巧与提示 ❖

本实例中的商标材质及糖果材质均为默认材质，仅添加了贴图及颜色，故不再单独讲解。

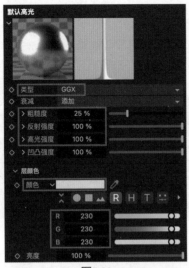

图7-91

图7-92

7.4.5　灯光及渲染设置

01 本实例中的主要照明效果来自天空环境。单击"天空"按钮,如图7-93所示。

图7-93

02 选择天空对象,右击并在弹出的快捷菜单中执行"材质"|"创建标准材质"命令,如图7-94所示。

图7-94

03 在"属性"面板中的"基本属性"组中,更改材质名称为"环境",仅勾选"发光"复选框,如图7-95所示。

图7-95

04 单击软件界面上方左侧的"资产浏览器"按钮,如图7-96所示。

图7-96

05 在"资产浏览器"面板中,展开HDRIs|Legacy,找到"HDR015.hdr"贴图,如图7-97所示。

图7-97

06 将其以拖动的方式添加至"发光"组内的"纹理"属性中,如图7-98所示。

07 在"渲染设置"面板中,单击"效果"按钮,如图7-99所示。

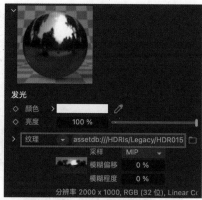

图7-98

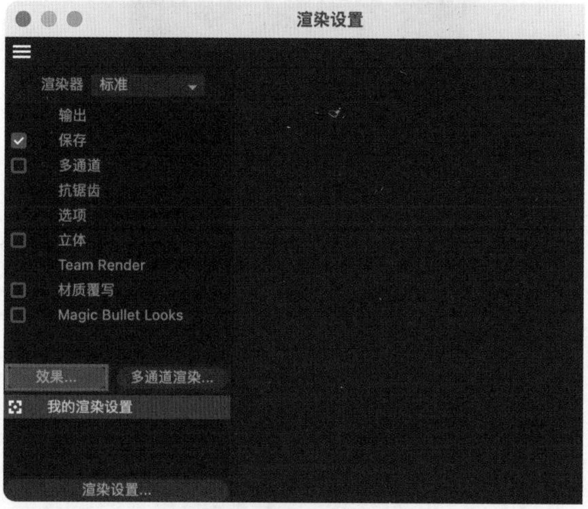

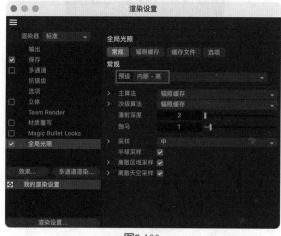

图7-99

08 在弹出的菜单中勾选"全局光照"复选框，设置完成后，软件在渲染图像时会开启全局光照计算，在"全局光照"组中，设置"预设"为"内部-高"，如图7-100所示。

图7-100

09 设置"渲染器"为"物理"，在"物理"组中，设置"采样器"为"自适应"、"采样品质"为"高"，如图7-101所示。

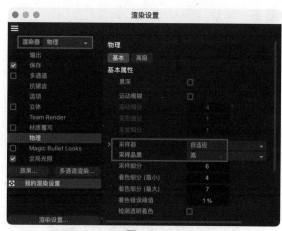

图7-101

10 设置完成后，渲染场景，渲染结果如图7-102所示。

11 单击"区域光"按钮，如图7-103所示。在场景中创建一个区域光。

图7-102

图7-103

12 在"属性"面板中的"细节"组中，设置灯光的"水平尺寸"为10cm、"垂直尺寸"为20cm，勾选"反射可见"复选框，设置"可见度增加"为1000%，如图7-104所示。

图7-104

Cinema 4D 2023 从新手到高手

13 在"常规"组中，设置"强度"为70%、"投影"为"区域"，如图7-105所示。

图7-105

14 在"坐标"组中，设置"变换"属性至图7-106所示。

图7-106

15 在"输出"组中，设置"宽度"为2400、"高度"为1400，如图7-107所示。

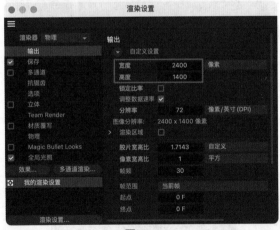

图7-107

16 设置完成后，渲染场景，渲染结果如图7-108所示。

17 在"滤镜"组中，勾选"激活滤镜"复选框，设置"饱和度"为20%、"亮度"为5%、"对比度"为10%，如图7-109所示。调整曲线的形状至图7-110所示，再次提高一点图像的亮度。

18 设置完成后，本实例的最终渲染结果如图7-111所示。

图7-108

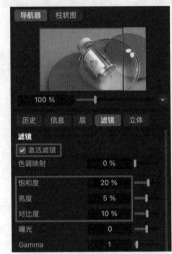

图7-109

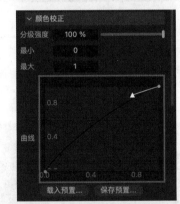

图7-110

图7-111

技巧与提示 ❖

　　在"滤镜"组中，勾选"激活滤镜"复选框，设置"饱和度"为-100%、"亮度"为5%、"对比度"为65%，得到去色效果风格的图像，如图7-112所示。

图7-112

第8章——
动画技术

8.1
动画概述

　　动画是一门集合了漫画、电影、数字媒体等多种形式的综合艺术，经过100多年的历史发展，已经形成了较为完善的理论体系和多元化产业，其独特的艺术魅力深受人们的喜爱。在本书中，动画仅狭义地理解为使用Cinema 4D 2023软件来设置对象的形变及运动过程记录。迪士尼公司早在20世纪30年代左右就提出了著名的"动画12原理"，这些传统动画的基本原理不但适用于定格动画、黏土动画、二维动画，也同样适用于三维电脑动画。使用中文版Cinema 4D 2023软件创作的虚拟元素与现实中的对象合成在一起可以带给观众超强的视觉感受和真实体验。读者在学习本章内容之前，建议阅读相关书籍并掌握一定的动画基础理论，这样非常有助于我们能够制作出更加令人信服的动画效果。图8-1和图8-2所示均为使用三维软件所制作完成的建筑在不同时间下的光影动画效果。

图8-1

图8-2

8.2
关键帧动画

　　关键帧动画是三维软件动画技术中最常用的，也是最基础的动画设置技术。说简单些，就是在物体动画的关键时间点上来进行设置数据记录，软件则根据这些关键点上的数据设置来完成中间时间段内的动画计算，这样一段流畅的三维动画就制作完成了。我们可以在"动画"面板中找到一些与动画有关的按钮，如图8-3所示。

图8-3

工具解析

- 🔘 记录活动对象：单击该按钮可以记录所选择对象的变换属性。
- Ⓐ 自动关键帧：单击该按钮可以开启自动关键帧记录功能。
- ⚙ 关键帧选集：为关键帧设置选集对象。
- 🖱 运动记录：单击该按钮可以打开"运动记

录"面板。

- 补间工具：单击该按钮可以在视图中显示用于辅助调整关键帧的滑块。
- 位置：用于设置是否记录位置关键帧。
- 旋转：用于设置是否记录旋转关键帧。
- 缩放：用于设置是否记录缩放关键帧。
- 参数：用于设置开/关参数动画。
- 点级别动画：用于设置开/关点级别动画。

8.2.1 基础操作：制作关键帧动画

【知识点】关键帧动画、框选关键帧、更改关键帧位置、删除关键帧。

01 启动中文版Cinema 4D 2023软件，单击"立方体"按钮，如图8-4所示。在场景中创建一个立方体模型，如图8-5所示。

图8-4

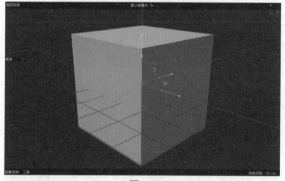

图8-5

02 在0帧位置处单击"记录活动对象"按钮，如图8-6所示，即可在0帧位置处创建一个关键帧。

图8-6

03 将"时间滑块"移动至20帧位置处，并沿X轴向调整立方体模型的位置至图8-7所示。再次单击"记

录活动对象"按钮，则可在20帧位置处创建一个关键帧，如图8-8所示。

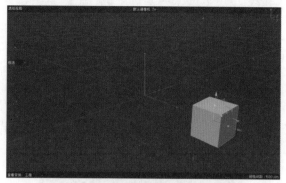

图8-7

图8-8

04 单击"位置"按钮，使其处于被按下状态，如图8-9所示。

图8-9

05 将"时间滑块"移动至40帧位置处，调整立方体模型的位置及旋转角度至图8-10所示。

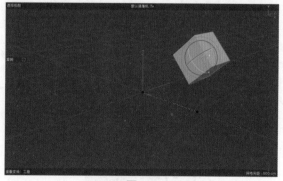

图8-10

06 再次单击"记录活动对象"按钮，则可在40帧位置处创建一个关键帧。这时，我们会发现由于"位置"按钮被按下，所以这一次无法记录位置关键帧。立方体模型会自动回到20帧所记录的位置上，如图8-11所示。

07 在"动画"面板中，单击选中第40帧的关键帧，右击并在弹出的快捷菜单中执行"删除"命令，即可将该关键帧删除，如图8-12所示。

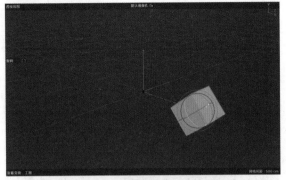

图8-11

图8-12

技巧与提示 ❖

被选中的关键帧呈"橙色"显示状态，另外，我们也可以按住Shift键，以框选的方式来选择多个关键帧。

08 单击"位置"按钮，使其处于未被按下状态，如图8-13所示。

图8-13

09 将"时间滑块"移动至40帧位置处，调整立方体模型的位置及旋转角度至图8-14所示。

10 再次单击"记录活动对象"按钮，这一次在40帧位置处创建的关键帧将会同时记录立方体模型的位置和旋转动画信息，同时，我们还可以在视图中观察立方体模型的运动曲线，如图8-15所示。

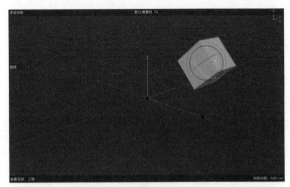

图8-14

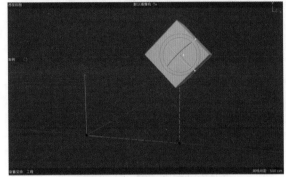

图8-15

11 单击"向前播放"按钮，如图8-16所示，可以播放动画。我们如果觉得动画的速度过快，可以将第40帧的关键帧移动至80帧位置处，将第20帧的关键帧移动至40帧位置处，设置完成后，再次播放动画，就可以看到动画的速度变慢了。

图8-16

12 还可以在场景中选择运动曲线上的关键点并调整其位置来更改立方体模型的运动轨迹，如图8-17所示。

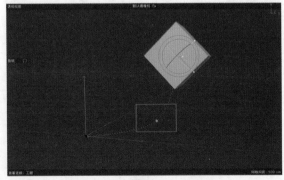

图8-17

8.2.2　实例：制作垫子展开动画

本例中我们将使用关键帧动画技术来制作一个地垫展开的动画效果，图8-18所示为本实例的最终完成效果。

图8-18

01 启动中文版Cinema 4D 2023软件，并打开本书配套资源"地垫.c4d"文件，可以看到场景中有一个红色的地垫模型，如图8-19所示。

图8-19

02 单击"弯曲"按钮，如图8-20所示，即可在"对象"面板中创建一个弯曲对象。

图8-20

03 在"对象"面板中，将弯曲对象拖动至地垫模型上，使其位于地垫模型的子层级，如图8-21所示。

图8-21

04 在"属性"面板中，设置"对齐"为-X，单击"匹配到父级"按钮，设置"强度"为1500°，勾选"保持长度"复选框，如图8-22所示。

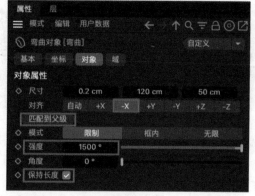

图8-22

05 设置完成后，地垫模型的视图显示结果如图8-23所示。

图8-23

06 在"坐标"组中，设置R.B为-91°，如图8-24所示。

图8-24

07 设置完成后，地垫模型的视图显示结果如图8-25所示。

图8-25

08 在0帧位置处，在"坐标"组中，为P.X、P.Y、P.Z属性设置关键帧，如图8-26所示。

图8-26

09 在80帧位置处，调整弯曲对象的位置至图8-27所示，并在"坐标"组中，再次为P.X、P.Y、P.Z属性设置关键帧，如图8-28所示。

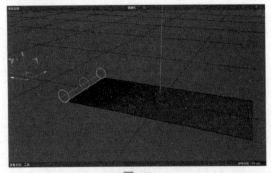

图8-27

10 设置完成后，播放动画，本实例制作完成的动画效果如图8-29所示。

图8-28

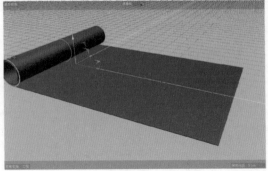

图8-29

8.2.3 实例：制作文字消失动画

本例中我们将使用关键帧动画技术来制作一个文字慢慢消失的动画效果，图8-30所示为本实例的最终完成效果。

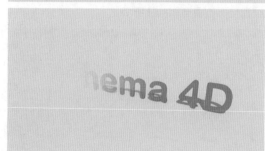

图8-30

01 启动中文版Cinema 4D 2023软件，并打开本书配套资源"文字.c4d"文件，可以看到场景中有一个文字模型，如图8-31所示。

02 选择文字模型，右击并在弹出的快捷菜单中执行"材质"|"创建标准材质"命令，为其添加一个标准材质。设置完成后，我们可以在"对象"面板中看到文字模型的后方出现一个材质标签，如图8-32

所示。

图8-31

图8-32

03 在"属性"面板中的"基本属性"组中，更改材质名称为"红色文字"，并勾选"颜色""反射"和Alpha复选框，如图8-33所示。

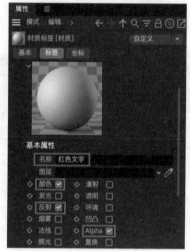

图8-33

04 在"颜色"组中，设置颜色为红色，颜色的RGB值为（228，60，60），如图8-34所示。

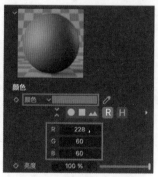

图8-34

05 在Alpha组中，设置"纹理"为"渐变"、"投射"为"平直"，如图8-35所示。

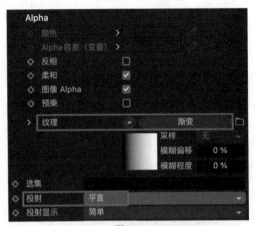

图8-35

06 单击软件界面上方的"纹理"按钮，如图8-36所示。我们可以看到在纹理模式下，平直类型的纹理坐标大小显示如图8-37所示。

图8-36

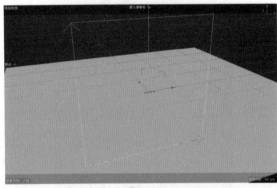

图8-37

07 使用"移动"工具和"缩放"工具在视图中调整纹理坐标的大小及位置至图8-38所示。

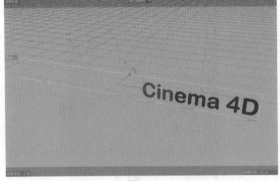

图8-38

08 在"着色器属性"组中，设置"渐变"颜色，如图8-39所示。

图8-39

09 在0帧位置处，在"属性"面板中的"坐标"组中，为"位置.X"属性设置关键帧，如图8-40所示。

图8-40

10 在80帧位置处，在视图中沿X轴向移动文字模型的纹理坐标位置至图8-41所示。

图8-41

11 在"属性"面板中的"坐标"组中，再次为"位置.X"属性设置关键帧，如图8-42所示。

图8-42

12 设置完成后，播放动画，本实例制作完成的动画效果如图8-43所示。

图8-43

8.2.4　实例：制作文字旋转动画

本例中我们将使用关键帧动画技术来制作一个文字旋转的动画效果，图8-44所示为本实例的最终完成效果。

01 启动中文版Cinema 4D 2023软件，单击"文本"按钮，如图8-45所示。在场景中创建一个文本模型。

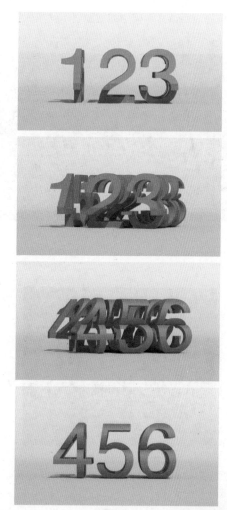

图8-44

02 在"属性"面板中的"对象属性"组中，在"文本样条"文本框中输入"123"，设置"深度"为16.5cm、"高度"为10cm，如图8-46所示。

图8-45

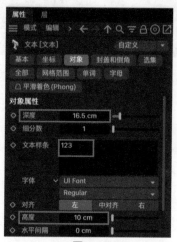

图8-46

03 设置完成后，文字模型的视图显示结果如图8-47所示。

图8-47

04 在"基本属性"组中，设置模型的名称为"123"，如图8-48所示。

图8-48

05 在场景中以同样的操作步骤再制作出一个456的文字模型，并调整其角度和位置至图8-49所示。

图8-49

06 单击"体积生成"按钮，如图8-50所示，在场景中创建一个体积生成对象。

07 在"对象"面板中，以拖动的方式将场景中的两个文字模型设置为体积生成对象的子对象，如图8-51所示。设置完成后，体积生成对象的视图显示结果如图8-52所示。

08 在"对象属性"组中，设置"体素尺寸"为0.1cm，设置对象的"模式"为"相交"，如图8-53所示。

图8-50　　　　　　　　图8-51

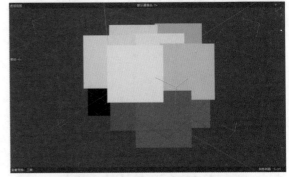

图8-52

图8-53

09 设置完成后，体积生成对象的视图显示结果如图8-54所示。

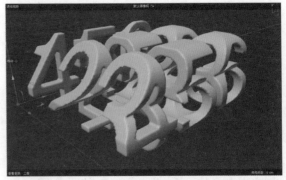

图8-54

技巧与提示 ❖

"体素尺寸"值越小，生成模型的精度越高，

需要的计算时间也越长。当该值过小时，软件还会
自动弹出相关提示，如图8-55所示。图8-56所示为
该值设置为0.01cm后的文字模型显示结果。

图8-55

图8-56

10 单击"体积网格"按钮，如图8-57所示，在场景
中创建一个体积网格对象。

11 在"对象"面板中，以拖动的方式将场景中的体
积生成对象设置为体积网格对象的子对象，如图8-58
所示。

图8-57 　　　　　　图8-58

技巧与提示

　　体积生成对象并不能直接渲染出来，需要使用
体积网格对象将其转换为可渲染物体。

12 单击软件界面上的"启用轴心"按钮，如图8-59
所示。

13 在"顶视图"中调整体积网格对象的轴心位置至
图8-60所示。

图8-59

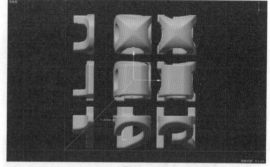

图8-60

14 在"对象"面板中，选择体积网格对象。在"属
性"面板中的"坐标"组中，设置"变换"的属性
值，如图8-61所示。

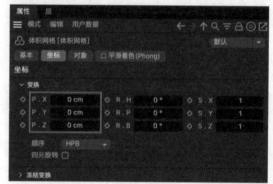

图8-61

15 在0帧位置处，为"坐标"组中的R.H属性设置关
键帧，如图8-62所示。

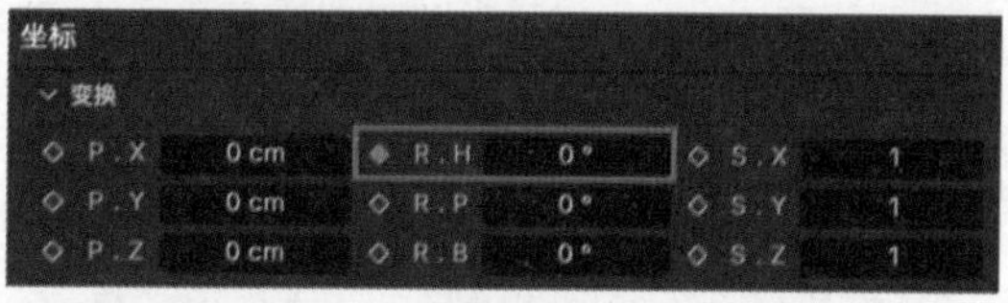

图8-62

16 在80帧位置处，设置R.H为-90°，并为其设置关
键帧，如图8-63所示。

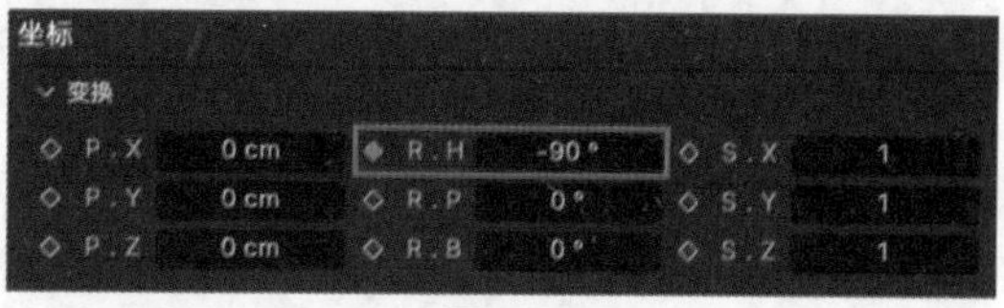

图8-63

17 单击"摄像机"按钮，如图8-64所示，在场景中
创建一个摄像机。

18 在"坐标"组中，设置摄像机的"变换"属性
值，如图8-65所示。

113

图8-64

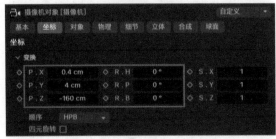

图8-65

19 在"对象属性"组中，设置摄像机的"视野范围"为10°，如图8-66所示。

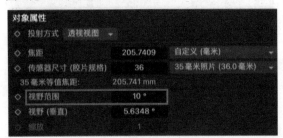

图8-66

20 设置完成后，在摄像机视图中观察文字旋转动画效果。本实例制作完成的动画效果如图8-67所示。

技巧与提示 ❖

在本实例对应的教学视频中，还为读者详细讲解了有关材质及灯光设置方面的操作步骤。

图8-67

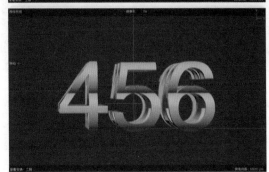

图8-67（续）

8.2.5 实例：制作风扇旋转动画

本例中我们将使用关键帧动画技术来制作一个风扇不断旋转的动画效果，图8-68所示为本实例的最终完成效果。

01 启动中文版Cinema 4D 2023软件，并打开本书配套资源"电风扇.c4d"文件，可以看到场景中有一个电风扇模型，如图8-69所示。

图8-68

图8-68（续）

图8-69

02 选择场景中的电风扇模型，在0帧位置处，在"属性"面板中的"坐标"组中，为R.H设置关键帧，如图8-70所示。

图8-70

03 在20帧位置处，设置R.H为120°，并为其设置关键帧，如图8-71所示。设置完成后，播放动画，我们可以看到电风扇在0帧～20帧会产生旋转动画效果。

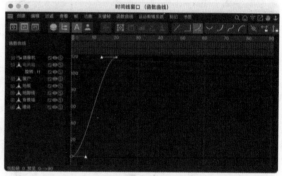

图8-71

04 执行菜单栏"窗口"｜"时间线窗口（函数曲线）"命令，打开"时间线窗口（函数曲线）"面板，我们可以观察到电风扇的动画曲线如图8-72所示。

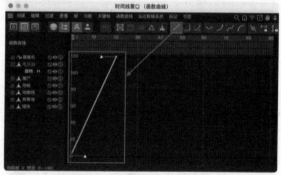

图8-72

05 选中动画曲线上的两个关键点，单击"线性"按钮，使得风扇的动画曲线呈直线形状的匀速状态，如图8-73所示。

图8-73

06 在"时间线窗口（函数曲线）"面板中，执行菜单栏"功能"｜"轨迹之后"｜"偏移重复之后"命令，如图8-74所示，则可以使电风扇的旋转动画随着时间的变化不断进行下去，得到如图8-75所示的动画曲线效果。

07 设置完成后，关闭"时间线窗口（函数曲线）"面板。渲染场景，渲染结果如图8-76所示。

图8-74

图8-75

图8-76

08 按Ctrl+B组合键，打开"渲染设置"面板，在"基本属性"组中，勾选"运动模糊"复选框，如图8-77所示。

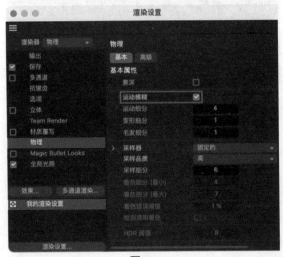

图8-77

09 再次渲染场景，渲染结果如图8-78所示。我们可以看到电风扇边缘处产生的微弱运动模糊效果。

图8-78

10 将20帧位置处的关键帧移动至5帧位置处后，播放场景动画，我们可以看到电风扇的旋转速度比之前要快很多。再次渲染场景，本实例制作完成的动画效果如图8-79所示。

图8-79

8.3
动画标签

中文版Cinema 4D 2023软件为动画师提供了一些用于制作特殊动画效果的工具，这些工具被集成在"动画标签"中，如图8-80所示。

图8-80

工具解析

- 对齐路径：根据自身的运动路径来更改物体的方向。
- 对齐曲线：用于制作物体沿路径运动的动画效果。
- 运动剪辑系统：对物体的动画进行剪辑。
- 目标：用于将物体约束至目标上。
- 轨迹编辑：对物体的运动轨迹进行编辑。
- 振动：用于制作振动动画效果。

8.3.1 实例：制作蝴蝶飞舞动画

本例中我们将使用"动画标签"里的"对齐曲线"标签和"振动"标签来制作一个蝴蝶飞舞的动画效果，图8-81所示为本实例的最终完成效果。

图8-81

01 启动中文版Cinema 4D 2023软件，并打开本书配套资源"蝴蝶.c4d"文件，可以看到场景中有一个蝴蝶模型，如图8-82所示。

图8-82

02 在"对象"面板中，将蝴蝶翅膀模型设置为蝴蝶身子模型的子对象，如图8-83所示。

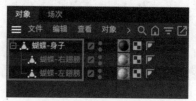

图8-83

03 单击"空白"按钮，如图8-84所示。在场景中创建一个空白对象，并在"对象"面板中，将蝴蝶身子模型设置为空白对象的子对象，如图8-85所示。

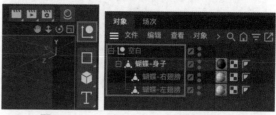

图8-84 　　　　　　　　 图8-85

04 选择蝴蝶左翅膀模型，在0帧位置处，在"属性"面板中的"坐标"组中，设置R.B为-200°，并为其设置关键帧，如图8-86所示。

图8-86

05 在12帧位置处，在"属性"面板中的"坐标"组中，设置R.B为-100°，并为其设置关键帧，如图8-87所示。

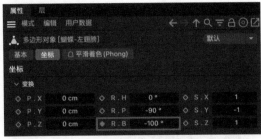

图8-87

06 选择蝴蝶右翅膀模型，在0帧位置处，在"属性"面板中的"坐标"组中，设置R.B为20°，并为其设置关键帧，如图8-88所示。

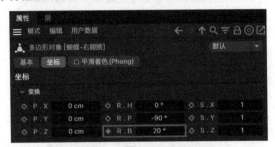

图8-88

07 在12帧位置处，在"属性"面板中的"坐标"组中，设置R.B为-80°，并为其设置关键帧，如图8-89所示。

图8-89

08 执行菜单栏"窗口"｜"时间线窗口（函数曲线）"命令，打开"时间线窗口（函数曲线）"面板，如图8-90所示。

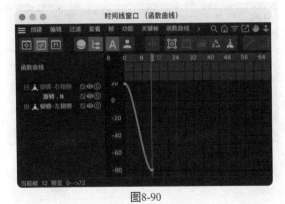

图8-90

09 在弹出的"时间线窗口（函数曲线）"面板中，

选择蝴蝶右翅膀的动画曲线，执行"功能"｜"轨迹之后"｜"振荡之后"命令，得到如图8-91所示的动画曲线结果。

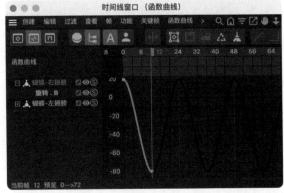

图8-91

10 设置完成后，以同样的操作步骤制作出蝴蝶左翅膀的动画曲线循环效果，如图8-92所示。

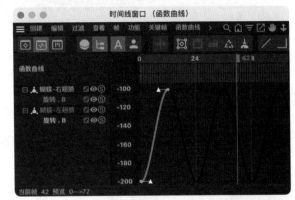

图8-92

11 单击软件界面左侧的"样条画笔"按钮，如图8-93所示。在"顶视图"中绘制一条曲线作为蝴蝶运动的路径，如图8-94所示。

图8-93

12 在"对象"面板中，选择空白对象，右击并在弹出的快捷菜单中执行"动画标签"｜"对齐曲线"命令，为其添加对齐曲线标签，如图8-95所示。

图8-94

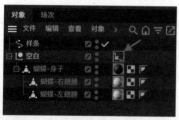

图8-95

13 在0帧位置处，设置"曲线路径"为场景中名称为"样条"的曲线，勾选"切线"复选框，为"位置"属性设置关键帧，如图8-96所示。

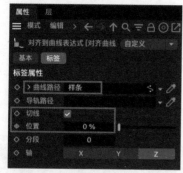

图8-96

14 在60帧位置处，设置"位置"为100%，并为其设置关键帧，如图8-97所示。

图8-97

15 设置完成后，播放场景动画，即可看到蝴蝶一边扇翅膀一边沿曲线进行移动的动画效果，如图8-98所示。

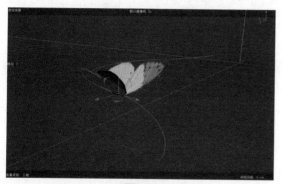

图8-98

16 在"对象"面板中，选择蝴蝶身子模型，右击并在弹出的快捷菜单中执行"动画标签"｜"振动"命令，为其添加振动标签，如图8-99所示。

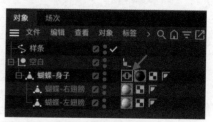

图8-99

17 在"属性"面板中的"标签属性"组中，勾选"启用位置"复选框，设置"振幅"为（5cm，5cm，5cm），如图8-100所示。

图8-100

18 设置完成后，播放动画，我们可以看到蝴蝶一边沿路径飞行，还会随机产生上下振动的动画效果，本实例制作完成的动画效果如图8-101所示。

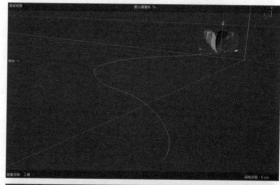

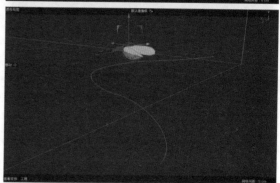

图8-101

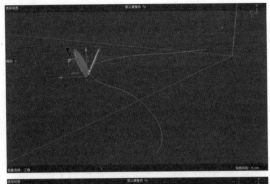

图8-101（续）

8.3.2 实例：制作铅笔画线动画

本例中我们将使用"动画标签"里的"振动"标签来制作一个铅笔随意画线的动画效果，图8-102所示为本实例的最终完成效果。

01 启动中文版Cinema 4D 2023软件，并打开本书配套资源"笔.c4d"文件，可以看到场景中有一支铅笔模型，如图8-103所示。

图8-102

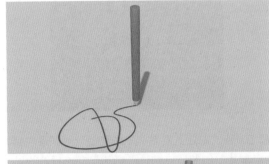

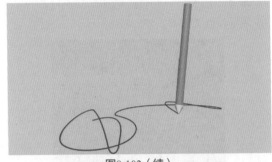

图8-102（续）

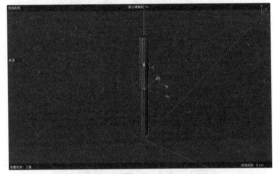

图8-103

02 单击软件界面上的"启用轴心"按钮，如图8-104所示。

图8-104

03 在"正视图"中，调整铅笔模型的轴心点位置至笔尖位置处，如图8-105所示。

图8-105

04 单击"立方体"按钮，如图8-106所示，在场景中创建一个立方体模型。

图8-106

05 在"属性"面板中，设置"尺寸.X""尺寸.Y""尺寸.Z"均为0.01cm，如图8-107所示。

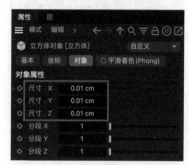

图8-107

06 在"对象"面板中，将立方体设置为铅笔的子对象，如图8-108所示。

图8-108

07 在"对象"面板中，选择铅笔模型，右击并在弹出的快捷菜单中执行"动画标签"|"振动"命令，为其添加振动标签，如图8-109所示。

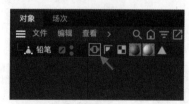

图8-109

08 在"标签属性"组中，勾选"启用位置"复选框，设置"振幅"为（20cm，0cm，20cm）、"频率"为1，勾选"启用旋转"复选框，设置"振幅"为（30°，60°，60°）、"频率"为1，如图8-110所示。

09 设置完成后，播放场景动画，我们即可看到铅笔模型产生了随机移动的动画效果，如图8-111所示。

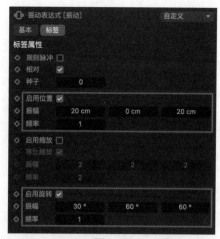

图8-110

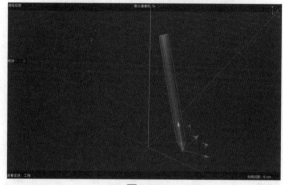

图8-111

10 单击"追踪对象"按钮，如图8-112所示，在场景中创建一个追踪对象。

图8-112

11 在"属性"面板中，设置"追踪链接"为"立方体"、"类型"为"B-样条"、"点插值方式"为"自动适应"，如图8-113所示。

12 设置完成后，播放场景动画，即可看到随着铅笔模型的移动，一条平滑的曲线也随之出现在了笔尖的下方，如图8-114所示。

13 单击"矩形"按钮，如图8-115所示，在场景中创建一个矩形图形。

121

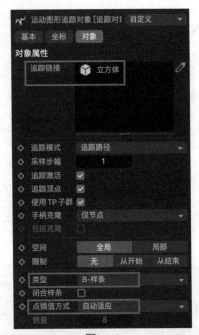

图8-113

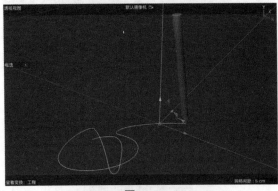

图8-114

图8-115

14 在"属性"面板中，设置"宽度"为0.1cm、"高度"为0.1cm，如图8-116所示。

图8-116

15 单击"扫描"按钮，如图8-117所示，在场景中创建一个扫描对象。

图8-117

16 在"对象"面板中，将矩形和追踪对象设置为扫描对象的子对象，如图8-118所示。

图8-118

技巧与提示 ✤

本实例中，矩形一定要在追踪对象的上方，否则会得到不正确的模型结果。

17 在"对象"面板中，将场景中的立方体模型隐藏起来，如图8-119所示。

图8-119

18 播放场景动画，本实例制作完成的动画效果如图8-120所示。

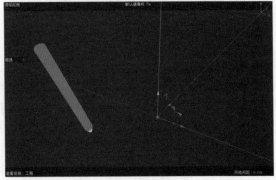

图8-120

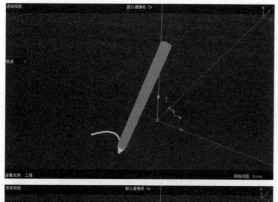

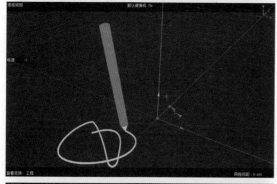

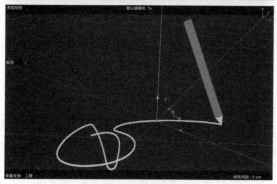

图8-120（续）

8.3.3 实例：制作摄像机环绕动画

本例中我们将使用"动画标签"里的"目标"标签和"对齐曲线"标签来制作一个摄像机环绕产品进行拍摄的动画效果，图8-121所示为本实例的最终完成效果。

图8-121

图8-121（续）

01 启动中文版Cinema 4D 2023软件，并打开本书配套资源"哑铃.c4d"文件，可以看到场景中有一对哑铃模型，并且已经设置好了材质及灯光，如图8-122所示。

图8-122

02 单击"圆环"按钮，如图8-123所示，在场景中创建一个圆环图形。

03 在"属性"面板中的"对象属性"组中，设置"半径"为55cm、"平面"为XZ，如图8-124所示。

图8-123

图8-124

04 设置完成后，圆环图形的视图显示结果如图8-125所示。

图8-125

05 单击"摄像机"按钮，如图8-126所示，在场景中创建一个摄像机。

06 在"对象"面板中，选择摄像机，右击并在弹出的快捷菜单中执行"动画标签"|"对齐曲线"命令，为其添加对齐曲线标签，如图8-127所示。

图8-126

图8-127

07 在"属性"面板中的"标签属性"组中，设置

"曲线路径"为圆环，并在0帧位置处为"位置"属性设置关键帧，如图8-128所示。

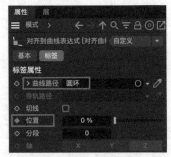

图8-128

08 在90帧位置处，设置"位置"为100%，并为其设置关键帧，如图8-129所示。

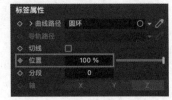

图8-129

09 设置完成后，播放场景动画，即可看到摄像机沿着圆环所产生的位移动画效果，如图8-130所示。

图8-130

10 单击"空白"按钮，如图8-131所示，在场景中创建一个空白对象。

11 在"对象"面板中，选择摄像机，右击并在弹出的快捷菜单中执行"动画标签"|"目标"命令，为其添加目标标签，如图8-132所示。

图8-131

图8-132

⑫ 在"属性"面板中，设置"目标对象"为"空白"，如图8-133所示。

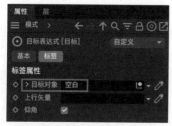

图8-133

⑬ 在"正视图"中，沿Y轴方向向上调整圆环图形的位置至图8-134所示。

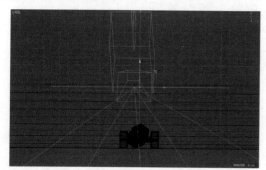

图8-134

技巧与提示 ❖

　　这个实例还可以使用"目标摄像机"来进行制作，会更加方便。

⑭ 在摄像机视图中播放场景动画，本实例制作完成的动画效果如图8-135所示。

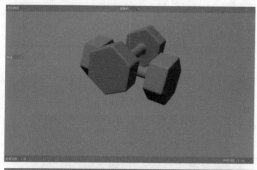

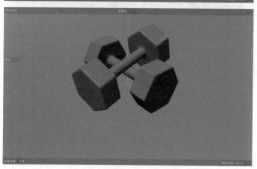

图8-135

图8-135（续）

8.4 子弹标签

　　中文版Cinema 4D 2023软件为动画师提供了一些用于制作刚体动力学动画效果的工具，这些工具被集成在"子弹标签"中，如图8-136所示。

图8-136

工具解析

- 刚体：将所选对象设置为刚体。
- 柔体：将所选对象设置为柔体。
- 碰撞体：将所选对象设置为碰撞体。
- 检测体：将所选对象设置为检测体。

8.4.1　基础操作：制作动力学动画

【知识点】设置刚体、设置碰撞体。

① 启动中文版Cinema 4D 2023软件，单击"立方体"按钮，如图8-137所示。在场景中创建一个立方体模型，如图8-138所示。

图8-137

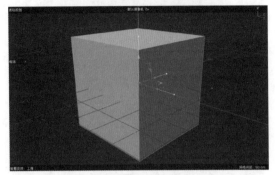

图8-138

02 在"对象属性"组中，设置"尺寸.X""尺寸.Y""尺寸.Z"均为5cm，如图8-139所示。

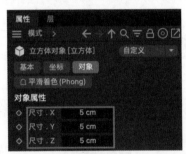

图8-139

03 在"坐标"组中，设置P.Y为100cm、R.P为50°，如图8-140所示。

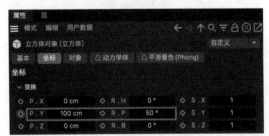

图8-140

04 在"对象"面板中，选择立方体，右击并在弹出的快捷菜单中执行"子弹标签"｜"刚体"命令，将其设置为刚体，如图8-141所示。

图8-141

05 单击"平面"按钮，如图8-142所示。在场景中创建一个平面模型。

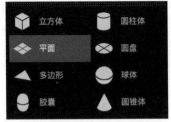

图8-142

06 在"对象"面板中，选择平面，右击并在弹出的快捷菜单中执行"子弹标签"｜"碰撞体"命令，将其设置为碰撞体，如图8-143所示。

图8-143

07 设置完成后，播放场景动画，即可看到立方体模型产生自由落体运动，并与平面模型产生碰撞的动画效果，如图8-144所示。

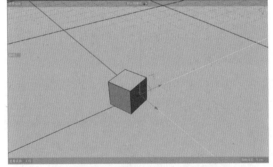

图8-144

08 选择立方体模型，在"碰撞"组中，设置"反弹"为50%，如图8-145所示。

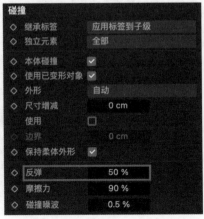

图8-145

09 再次播放动画，本实例制作完成的动画效果如图8-146所示。

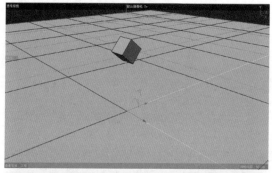

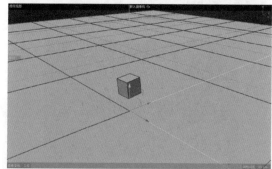

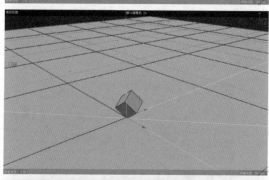

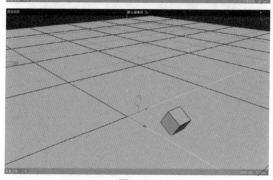

图8-146

8.4.2 实例：制作碰撞破碎动画

本例中我们将使用"子弹标签"里的"刚体"标签和"碰撞体"标签来制作一个球体与墙的碰撞动画效果，图8-147所示为本实例的最终完成效果。

图8-147

01 启动中文版Cinema 4D 2023软件，并打开本书配套资源"墙体.c4d"文件，可以看到场景中有一个墙体模型、一个地面模型和一个球体模型，并且已经设置好了材质及灯光，如图8-148所示。

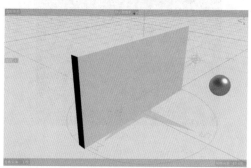

图8-148

02 单击"破碎（Voronoi）"按钮，如图8-149所示。在场景中创建一个破碎对象。

图8-149

03 在"对象"面板中，将白墙设置为破碎（Voronoi）的子对象，如图8-150所示。设置完成后，即可在视图中观察到墙体模型的破碎效果，如图8-151所示。

图8-150

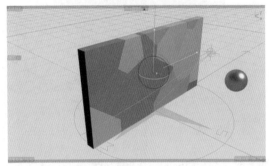

图8-151

04 在"点生成器-分布"卷展栏中，设置"点数量"为100，如图8-152所示。

图8-152

05 设置完成后，我们可以看到构成墙体的碎块明显增多了，如图8-153所示。

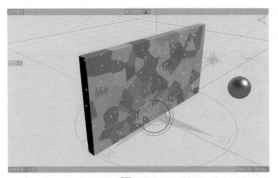

图8-153

06 在"对象"面板中，选择破碎对象，右击并在弹出的快捷菜单中执行"子弹标签"｜"刚体"命令，将其设置为刚体，如图8-154所示。

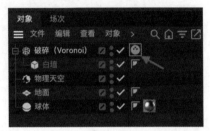

图8-154

07 在"对象"面板中，选择地面，右击并在弹出的快捷菜单中执行"子弹标签"｜"碰撞体"命令，将其设置为碰撞体，如图8-155所示。

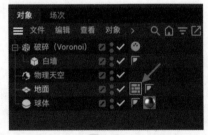

图8-155

08 设置完成后，播放场景动画，我们可以看到墙体模型所产生的破碎效果如图8-156所示。

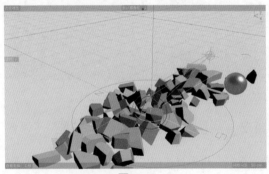

图8-156

09 选择破碎对象，在"动力学"组中，设置"激发"为"开启碰撞"，如图8-157所示。

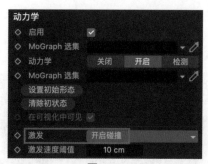

图8-157

10 在"对象"面板中选择球体，右击并在弹出的快捷菜单中执行"子弹标签"｜"刚体"命令，将其设置为刚体，如图8-158所示。

图8-158

11 在"动力学"组中，勾选"自定义初速度"复选框，设置"初始线速度"为（-500cm，0cm，0cm），如图8-159所示。

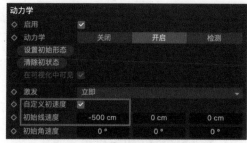

图8-159

12 设置完成后，播放场景动画，我们可以看到球体与墙体碰撞所产生的破碎效果如图8-160所示。

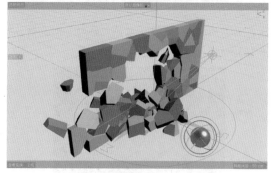

图8-160

13 在"质量"组中，设置"使用"为"自定义质量"、"质量"为30，如图8-161所示。

图8-161

14 再次播放场景动画，这一次我们可以看到球体与墙体碰撞后，并没有反弹回来，如图8-162所示。

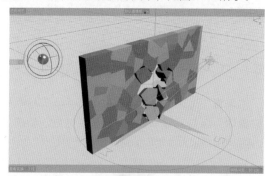

图8-162

15 本实例制作完成的动画效果如图8-163所示。

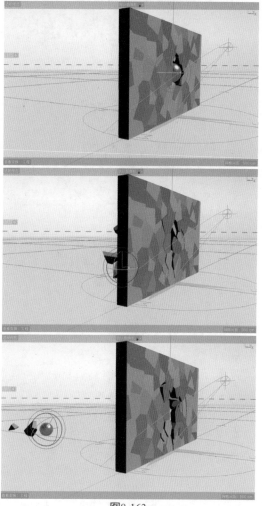

图8-163

129

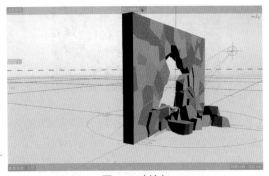

图8-163（续）

8.4.3 实例：制作柔软球体动画

本例将使用"子弹标签"里的"柔体"标签和"碰撞体"标签来制作多个球体相互碰撞的动画效果，图8-164所示为本实例的最终完成效果。

图8-164

01 启动中文版Cinema 4D 2023软件，并打开本书

配套资源"白墙.c4d"文件，可以看到场景中有一个白色墙体模型，并且已经设置好了材质及灯光，如图8-165所示。

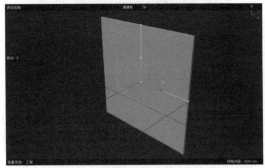

图8-165

02 单击"球体"按钮，如图8-166所示，在场景中创建一个球体模型。

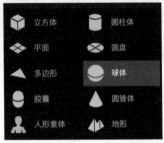

图8-166

03 在"属性"面板中的"对象属性"组中，设置"分段"为32、"类型"为"二十面体"，如图8-167所示。

图8-167

04 在"基本属性"组中，勾选"透显"复选框，如图8-168所示。

图8-168

05 设置完成后，球体模型的视图显示结果如图8-169所示。

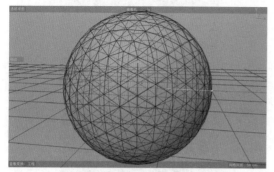

图8-169

06 在场景中再次创建一个球体，在"基本属性"组中，更改"名称"为"小球"，如图8-170所示。

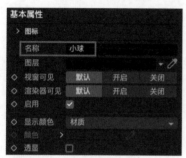

图8-170

07 在"对象属性"组中，设置"半径"为10cm、"分段"为16、"类型"为"二十面体"，如图8-171所示。

08 选择小球模型，按住option（macOS）/Alt（Windows）键，单击"克隆"按钮，如图8-172所示，得到如图8-173所示的模型结果。

图8-171　　　　　图8-172

图8-173

09 在"对象属性"组中，设置"数量"为（2，3，3）、"尺寸"为（45cm，45cm，45cm），如图8-174所示。

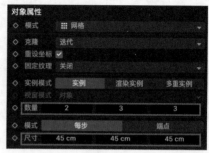

图8-174

10 设置完成后，小球模型的视图显示结果如图8-175所示。

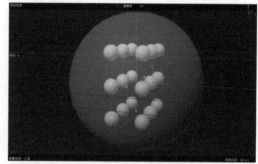

图8-175

11 在"对象"面板中，选择克隆对象，单击"随机"按钮，如图8-176所示。

图8-176

12 在"参数"组中，取消勾选"位置"复选框，勾选"缩放"和"等比缩放"复选框，设置"缩放"为0.5，如图8-177所示。

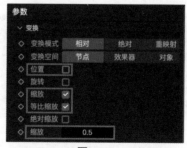

图8-177

13 设置完成后，小球模型的视图显示结果如图8-178所示。

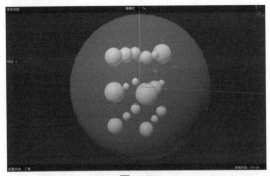

图8-178

14 在"对象"面板中，选择克隆对象，右击并在弹出的快捷菜单中执行"子弹标签"｜"柔体"命令，将其设置为柔体，如图8-179所示。

图8-179

15 在"对象"面板中，选择球体对象，右击并在弹出的快捷菜单中执行"子弹标签"｜"碰撞体"命令，将其设置为碰撞体，如图8-180所示。

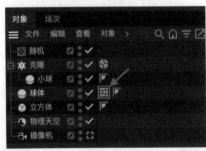

图8-180

16 在"碰撞"组中，设置"外形"为"静态网格"，如图8-181所示。

图8-181

17 按Ctrl+D组合键，在"属性"面板中的"常规"组中，设置"重力"为0cm，如图8-182所示。

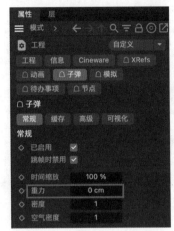

图8-182

18 在0帧位置处，选择小球模型，为其"半径"设置关键帧，如图8-183所示。

图8-183

19 在20帧位置处，设置小球"半径"为30cm，并为其设置关键帧，如图8-184所示。

图8-184

20 执行菜单栏"模拟"｜"力场"｜"旋转"命令，在"对象"面板中创建一个旋转对象，如图8-185所示。

图8-185

21 在"对象属性"组中，设置"角速度"为300，如图8-186所示。

22 选择小球模型，按住option（macOS）/Alt（Windows）键，单击"细分曲面"按钮，如图8-187所示，得到如图8-188所示的模型结果。

图8-186　　　　　　　　图8-187

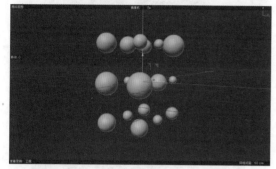

图8-188

23 选择柔体标签，在"缓存"组中，单击"全部烘焙"按钮，如图8-189所示。这时，系统会自动弹出"烘焙动力学模拟"对话框，如图8-190所示。

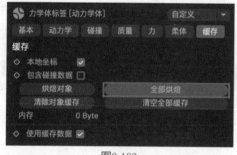

图8-189

图8-190

24 烘焙完成后，播放场景动画，本实例制作完成的动画效果如图8-191所示。

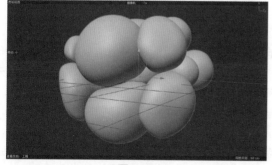

图8-191

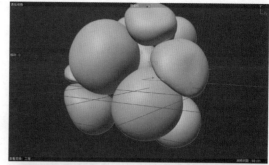

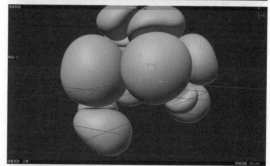

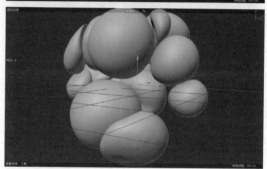

图8-191（续）

技巧与提示 ❖

　　在本节对应的教学视频中，还为读者讲解了小球材质的制作过程。

8.5
模拟标签

　　中文版Cinema 4D 2023软件为动画师提供了一些用于制作布料、绳子、柔体等软体动力学动画效果的工具，这些工具被集成在"模拟标签"中，如图8-192所示。

工具解析

● 布料：将所选对象设置为布料。

图8-192

- 绳子：将所选对象设置为绳子。
- 柔体：将所选对象设置为柔体。
- 连接器：将所选对象设置为连接器。
- 布料绑带：将所选对象设置为布料绑带。
- 绳子绑带：将所选对象设置为绳子绑带。
- 碰撞体：将所选对象设置为碰撞体。
- 气球：将所选对象设置为气球。
- 烟火发射器：将所选对象设置为烟火发射器。
- 烟火燃料：将所选对象设置为烟火燃料。

8.5.1 实例：制作充气垫子动画

本例中我们将使用"模拟标签"里的"气球"标签和"碰撞体"标签来制作充气垫子充气的动画效果，图8-193所示为本实例的最终完成效果。

图8-193

01 启动中文版Cinema 4D 2023软件，单击"管道"按钮，如图8-194所示。在场景中创建一个管道模型。

02 在"对象属性"组中，设置"内部半径"为70cm、"高度"为50cm，如图8-195所示。

图8-194

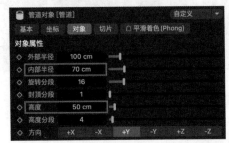

图8-195

03 在"坐标"组中，设置P.Y为26cm，如图8-196所示。

图8-196

04 设置完成后，管道模型的视图显示结果如图8-197所示。

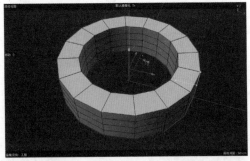

图8-197

05 在"对象"面板中，选择管道模型，按住option（macOS）/Alt（Windows）键，单击"克隆"按钮，如图8-198所示。

06 在"对象属性"面板中，设置"模式"为"放射"、"数量"为5、"半径"为85cm，如图8-199所示。

07 设置完成后，克隆对象的视图显示结果如图8-200所示。

图8-198

图8-199

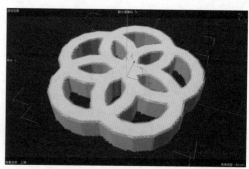

图8-204

10 在"对象"面板中，选择体积生成对象，按住option（macOS）/Alt（Windows）键，单击"体积网格"按钮，如图8-205所示，得到如图8-206所示的体积网格显示结果。

11 在"对象"面板中，选择体积网格对象，按住option（macOS）/Alt（Windows）键，单击"重构网格"按钮，如图8-207所示。

图8-205

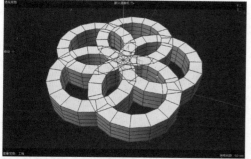

图8-200

08 在"对象"面板中，选择克隆对象，按住option（macOS）/Alt（Windows）键，单击"体积生成"按钮，如图8-201所示，得到如图8-202所示的体积生成显示结果。

09 在"对象属性"组中，设置"体素尺寸"为3cm，如图8-203所示。这样，体积生成的视图显示结果如图8-204所示。

图8-201

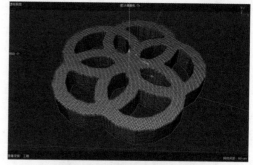

图8-206

图8-202

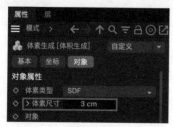

图8-203

图8-207

12 在"对象属性"组中，设置"网格密度"为35%，如图8-208所示。

13 设置完成后，得到的模型效果如图8-209所示。按C键，将该模型转换为可编辑多边形对象。

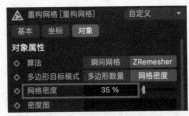

图8-208

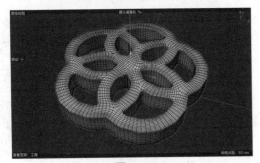

图8-209

14 在"对象"面板中，选择我们刚刚制作完成的模型，右击并在弹出的快捷菜单中执行"模拟标签" | "气球"命令，将其设置为气球，如图8-210所示。

图8-210

15 在"属性"面板中，设置"超压"为5，如图8-211所示。

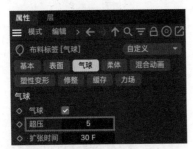

图8-211

16 单击"平面"按钮，如图8-212所示，在场景中创建一个平面模型。

图8-212

17 在"对象属性"组中，设置平面模型的"宽度"和"高度"均为10000cm，如图8-213所示。

图8-213

18 在"对象"面板中，选择平面模型，右击并在弹出的快捷菜单中执行"模拟标签" | "碰撞体"命令，将其设置为碰撞体，如图8-214所示。

图8-214

19 设置完成后，播放场景动画，本实例制作完成的动画效果如图8-215所示。

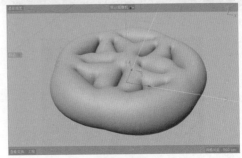

图8-215

图8-215（续）

8.5.2 实例：制作布料下落动画

本例使用"模拟标签"里的"布料"标签和"碰撞体"标签来制作布料下落的动画效果，图8-216所示为本实例的最终完成效果。

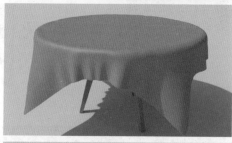

图8-216

01 启动中文版Cinema 4D 2023软件，打开本书配套资

源"圆桌.c4d"文件，可以看到场景中有一个圆桌模型，并且已经设置好了材质及灯光，如图8-217所示。

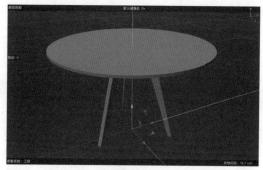

图8-217

02 单击"平面"按钮，如图8-218所示，在场景中创建一个平面模型，用来作为桌布模型。

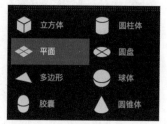

图8-218

03 在"属性"面板中，设置平面模型的"宽度"和"高度"为100cm、"宽度分段"和"高度分段"为50，如图8-219所示。

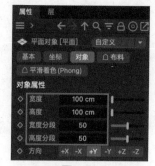

图8-219

04 设置完成后，移动平面模型的位置至圆桌模型的上方，如图8-220所示。

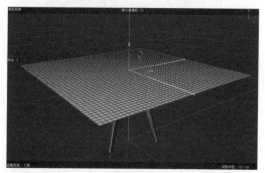

图8-220

05 在"对象"面板中，选择平面模型，右击并在弹出的快捷菜单中执行"模拟标签"｜"布料"命令，将其设置为布料，如图8-221所示。

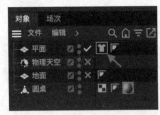

图8-221

06 在"对象"面板中，选择圆桌模型，右击并在弹出的快捷菜单中执行"模拟标签"｜"碰撞体"命令，将其设置为碰撞体，如图8-222所示。

图8-222

07 设置完成后，播放场景动画，我们可以看到桌布下落后，与圆桌模型产生碰撞所形成的褶皱效果，如图8-223所示。

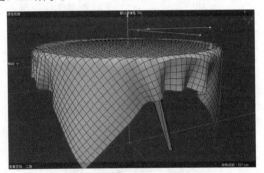

图8-223

08 在"属性"面板中的"表面"组中，设置"弯曲度"为200，如图8-224所示。

图8-224

09 在"属性"面板中的"缓存"组中，单击"计算缓存"按钮，如图8-225所示。这时，系统会自动弹

出"缓存模拟"对话框，如图8-226所示。

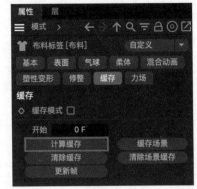

图8-225

图8-226

10 缓存计算完成后，再次播放动画，即可看到布料下落的动画流畅了许多，布料与圆桌模型产生碰撞所形成的褶皱更多了一些，如图8-227所示。

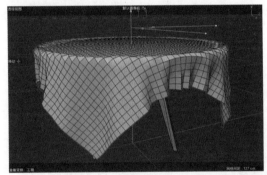

图8-227

11 选择布料模型，按住option（macOS）/Alt（Windows）键，单击"细分曲面"按钮，如图8-228所示，得到如图8-229所示的模型结果。

图8-228

12 本实例制作完成的动画效果如图8-230所示。

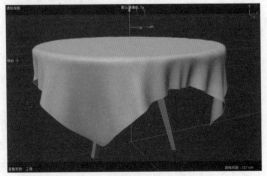

图8-229

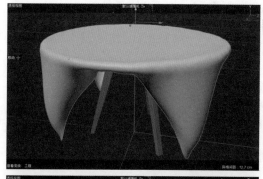
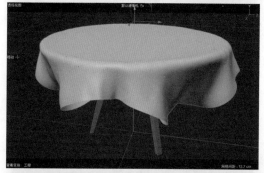
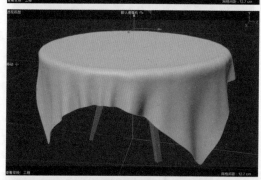
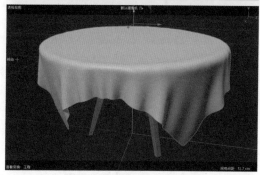

图8-230

图8-231

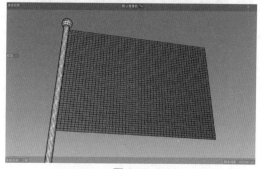

图8-232

8.5.3 实例：制作小旗飘动动画

本例中我们将使用"模拟标签"里的"布料"标签来制作小旗飘动的动画效果，图8-231所示为本实例的最终完成效果。

01 启动中文版Cinema 4D 2023软件，打开本书配套资源"小旗.c4d"文件，可以看到场景中有一个小旗模型，并且已经设置好了材质及灯光，如图8-232所示。

02 在"对象"面板中，选择小旗模型，右击并在弹出的快捷菜单中执行"模拟标签"｜"布料"命令，将其设置为布料，如图8-233所示。

图8-233

03 现在播放场景动画，我们可以看到小旗受到重力影响会产生向下掉落的动画效果，如图8-234所示。

图8-234

04 选择小旗模型，按C键，将其转换为可编辑多边形对象后，选择如图8-235所示的顶点。

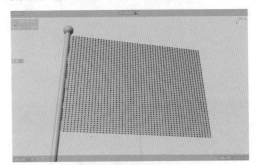

图8-235

05 选择布料标签，在"属性"面板中的"修正"组中，单击"固定点"后方的"设置"按钮，如图8-236所示。

图8-236

06 设置完成后，播放动画，这一次我们可以看到小旗的布料动画模拟效果如图8-237所示。

07 执行菜单栏"模拟"｜"力场"｜"风力"命令，在场景中创建一个风力，并调整其位置和旋转方向至图8-238所示。

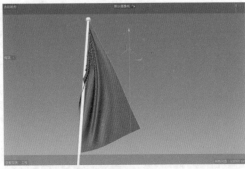

图8-237

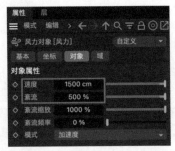

图8-238

08 在"属性"面板中的"对象属性"组中，设置"速度"为1500cm、"紊流"为500%，如图8-239所示。

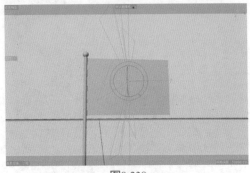

图8-239

09 再次播放动画，小旗被风吹起的布料动画模拟效果如图8-240所示。

图8-240

10 在"属性"面板中的"缓存"组中，单击"计算缓存"按钮，如图8-225所示。

11 选择小旗模型，按住option（macOS）/Alt（Windows）键，单击"细分曲面"按钮，如图8-242所示。

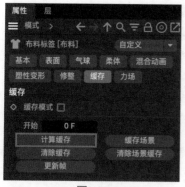

图8-241 图8-242

12 本实例制作完成的动画效果如图8-243所示。

图8-243

8.5.4 实例：制作绳子缠绕动画

本例中我们将使用"模拟标签"里的"绳子"标签和"碰撞体"标签来制作绳子缠绕的动画效果，图8-244所示为本实例的最终完成效果。

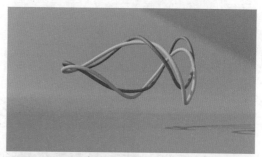

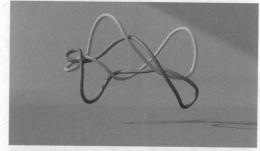

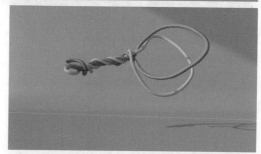

图8-244

01 启动中文版Cinema 4D 2023软件，打开本书配套资源"绳子场景.c4d"文件，可以看到场景中有一个背景墙模型，并且已经设置好了材质及灯光，如图8-245所示。

02 单击"圆环"按钮，如图8-246所示，在场景中创建一个圆环图形。

03 在"属性"面板中，设置圆环的"半径"为100cm、"平面"为XZ、"数量"为20，如图8-247所示。

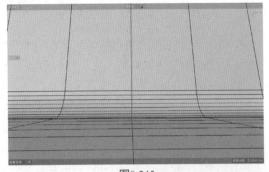

图8-245

图8-251

08 在"对象"面板中，将多边图形和圆环图形设置为扫描的子对象，如图8-252所示。这样扫描的模型显示结果如图8-253所示。

图8-252

图8-246　　　　图8-247

04 设置完成后，移动圆环至图8-248所示的位置。

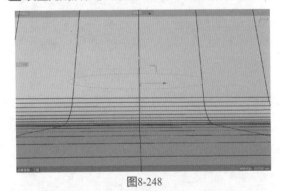

图8-248

05 单击"多边"按钮，如图8-249所示，在场景中创建一个多边图形。

06 在"属性"面板中，设置"半径"为3cm，如图8-250所示。

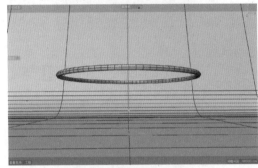

图8-253

09 单击"圆柱体"按钮，如图8-254所示，在场景中创建一个圆柱体模型。

图8-254

10 在"对象属性"组中，设置"半径"为5cm、"高度"为1000cm、"高度分段"为100，如图8-255所示。

图8-249　　　　图8-250

07 单击"扫描"按钮，如图8-251所示，在场景中创建一个扫描对象。

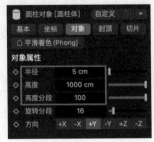

图8-255

11 设置完成后，调整圆柱体的位置至图8-256所示。

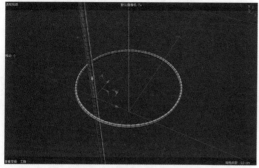

图8-256

12 在"对象"面板中，选择圆环，右击并在弹出的快捷菜单中执行"模拟标签"｜"绳子"命令，将其设置为绳子，如图8-257所示。

图8-257

13 在"标签属性"组中，设置"摩擦"为50、"半径"为3cm，如图8-258所示。

14 在"对象"面板中，选择圆柱体，右击并在弹出的快捷菜单中执行"模拟标签"｜"碰撞体"命令，将其设置为碰撞体，如图8-259所示。

图8-258

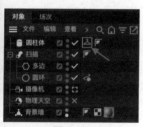

图8-259

15 在"标签属性"组中，设置"摩擦"为1，如图8-260所示。

16 选择扫描对象，按住Ctrl键，配合"移动"工具向上方进行复制并调整位置至图8-261所示。

17 选择圆柱体模型，按住Ctrl键，配合"移动"工具向侧方进行复制并调整位置至图8-262所示。

18 在0帧位置处，为R.P属性设置关键帧，如图8-263所示。

图8-260

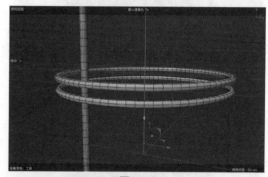

图8-261

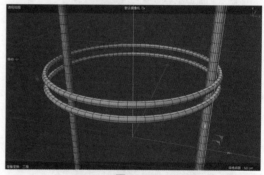

图8-262

图8-263

19 在300帧位置处，设置R.P为1500°，并再次为其设置关键帧，如图8-264所示。

图8-264

20 设置完成后，在"正视图"中调整场景中两个圆柱体的位置至图8-265所示。

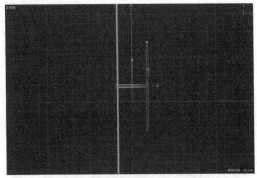

图8-265

21 按Ctrl+D组合键，在"常规"组中，设置"重力"为0cm，如图8-266所示。

图8-266

22 在"场景"组中，设置"重力"为0cm，如图8-267所示。

图8-267

23 选择任意绳索标签，在"缓存"组中，单击"缓存场景"按钮，如图8-268所示。

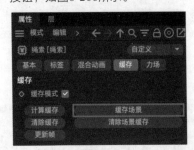

图8-268

24 缓存计算完成后，绳子缠绕的模拟结果如图8-269所示。

25 为场景中的两根绳子添加"细分曲面"生成器，对其进行平滑处理。再次播放动画，本实例制作完成的动画效果如图8-270所示。

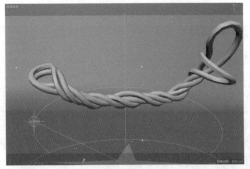

图8-269

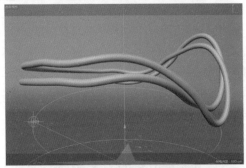

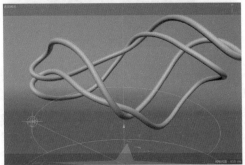

图8-270

第9章——
粒子动画

9.1
粒子概述

粒子特效一直在众多影视特效中占据首位，无论是烟雾特效、爆炸特效、光特效还是群组动画特效等，在这些特效当中都可以看到粒子特效的影子，也就是说粒子特效是融合在这些特效当中的，它们不可分割，而又自成一体。与其他三维动画软件一样，中文版Cinema 4D 2023软件也为动画师提供了功能强大的粒子系统。图9-1所示为使用粒子系统所制作出来的三维作品。

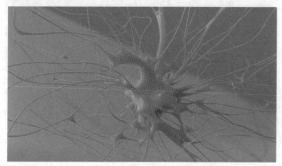

图9-1

9.2
创建粒子

执行菜单栏"模拟"｜"发射器"命令，如图9-2所示，即可在场景中创建粒子发射器。拖动时间滑块，我们可以看到有一些粒子从发射器发射出来，如图9-3所示。下面，我们就通过几个实例来讲解粒子系统的使用方法。

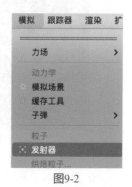

图9-2

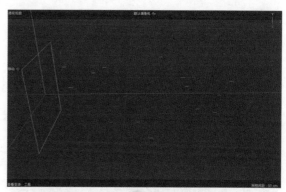

图9-3

9.2.1　基础操作：创建发射器

【知识点】 创建发射器、发射器基本参数。

01 启动中文版Cinema 4D 2023软件，执行菜单栏"模拟"｜"发射器"命令，在场景中创建一个粒子发射器，如图9-4所示。

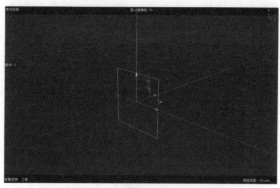

图9-4

02 播放场景动画，我们可以看到有短线形状的粒子沿Z轴进行发射，如图9-5所示。

03 在"属性"面板中，设置"视窗生成比率"和"渲染器生成比率"均为500，如图9-6所示。

04 播放动画，我们可以看到粒子的数量明显增多了，如图9-7所示。

图9-5

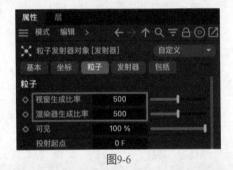

图9-6

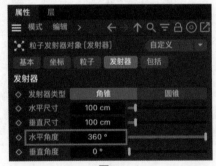

图9-7

05 在"属性"面板中，设置"水平角度"为360°，如图9-8所示。

图9-8

06 播放动画，我们可以看到粒子在水平角度上向四周开始发射粒子，如图9-9所示。

07 在"属性"面板中，设置"垂直角度"为180°，如图9-10所示。

08 播放动画，我们可以看到粒子开始向四面八方发射粒子，如图9-11所示。

图9-9

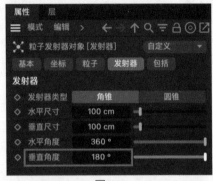

图9-10

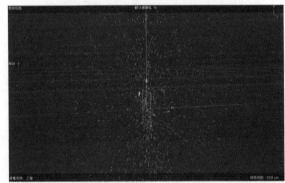

图9-11

09 在"属性"面板中，设置"水平尺寸"和"垂直尺寸"为0cm，如图9-12所示。

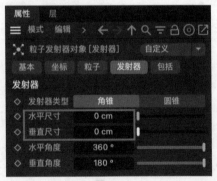

图9-12

10 播放动画，我们可以看到粒子从一个点开始向四面八方发射粒子，如图9-13所示。

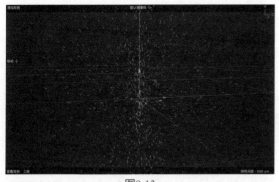

图9-13

11 在"属性"面板中,设置"视窗生成比率"和"渲染器生成比率"均为50000、"投射终点"为1F、"生命"为25F,如图9-14所示。

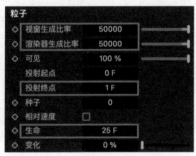

图9-14

12 播放动画,可以看到粒子的形态像烟花绽放一样,如图9-15所示。

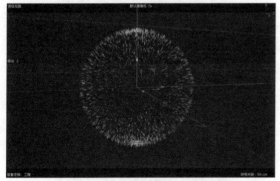

图9-15

9.2.2 实例:制作小球填充动画

本例中我们将使用粒子动画技术来制作一个小球填充文字的动画效果,图9-16所示为本实例的最终完成效果。

01 启动中文版Cinema 4D 2023软件,并打开本书配套资源"字母.c4d"文件,可以看到场景中有一个字母模型,如图9-17所示。

02 执行菜单栏"模拟"|"发射器"命令,在场景中创建一个粒子发射器,如图9-18所示。

图9-16

图9-17

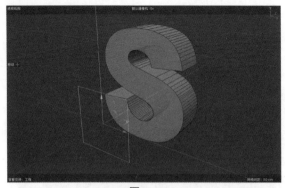

图9-18

03 在"属性"面板中，设置"水平尺寸"和"垂直尺寸"均为30cm，如图9-19所示。

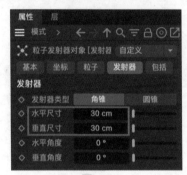

图9-19

04 设置完成后，调整发射器的位置和旋转角度至图9-20所示，使其位于字母模型的内部下方。

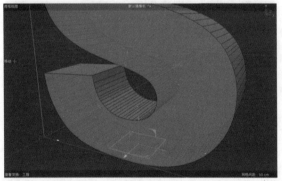

图9-20

05 单击"球体"按钮，如图9-21所示，在场景中创建一个球体模型。

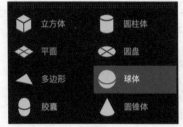

图9-21

06 在"属性"面板中，设置球体的"半径"为

8cm，如图9-22所示。

图9-22

07 设置完成后，球体模型的视图显示结果如图9-23所示。

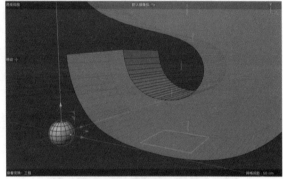

图9-23

08 在"对象"面板中，设置球体模型为发射器的子对象，如图9-24所示。

图9-24

09 在"属性"面板中，勾选"显示对象"复选框，如图9-25所示。

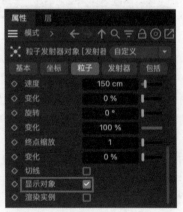

图9-25

10 设置完成后，播放动画，我们可以看到发射器发

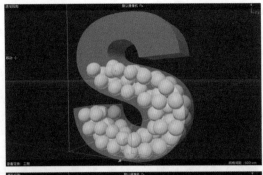

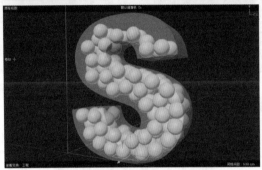

图9-32（续）

9.2.3　实例：制作液体上升动画

本实例中我们将使用粒子动画技术来制作一个液体上升的动画效果，图9-33所示为本实例的最终完成效果。

01 启动中文版Cinema 4D 2023软件，并打开本书配套资源"球体.c4d"文件，可以看到场景中有一个球体模型，如图9-34所示。

02 单击"立方体"按钮，如图9-35所示，在场景中创建一个立方体模型。

图9-33

图9-33（续）

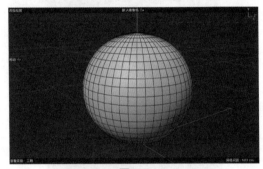

图9-34

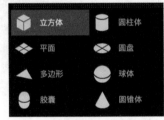

图9-35

03 在"属性"面板中，设置立方体模型的参数值，如图9-36所示。

图9-36

04 设置完成后，向上移动立方体模型的位置至图9-37所示。

图9-37

05 单击"简易"按钮，如图9-38所示。在场景中创建一个简易对象。

图9-38

06 在"对象"面板中，将简易对象设置为立方体模型的子对象，如图9-39所示。

图9-39

07 在"属性"面板中的"变形器"组中，设置"变形"为"点"，如图9-40所示。

图9-40

08 在"参数"组中，设置P.Y为0cm、P.Z为20cm，如图9-41所示。

09 在"域"组中，添加一个"随机域"，设置"随机模式"为"噪波"、"比例"为200%，如图9-42所示。

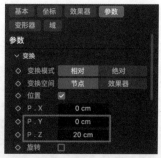

图9-41

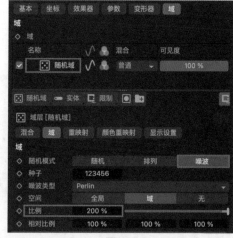

图9-42

10 设置完成后，立方体模型的视图显示结果如图9-43所示。

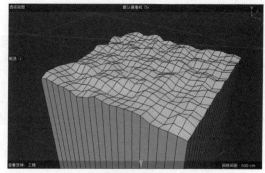

图9-43

11 单击"布尔"按钮，如图9-44所示，在场景中创建一个布尔对象。

图9-44

12 在"对象"面板中，将立方体和球体设置为布尔对象的子层级，如图9-45所示，得到如图9-46所示的模型结果。

图9-45

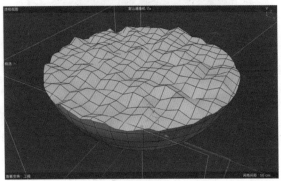

图9-46

13 选择随机域，在0帧位置处，为其P.X属性设置关键帧，如图9-47所示。

图9-47

14 在90帧位置处，设置P.X为50cm，并再次为其设置关键帧，如图9-48所示。

图9-48

15 选择立方体模型，在0帧位置处，设置P.Y为180cm，并为其设置关键帧，如图9-49所示。

16 在90帧位置处，设置P.Y为165cm，并为其设置关键帧，如图9-50所示。

图9-49

图9-50

17 设置完成后，播放场景动画，我们可以模拟出一个半球状液体慢慢减少的动画效果，如图9-51和图9-52所示。

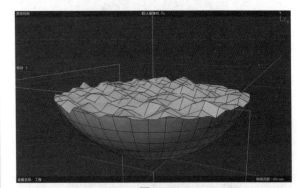

图9-51

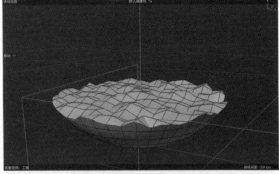

图9-52

18 执行菜单栏"模拟"|"发射器"命令，在场景中创建一个粒子发射器，并调整其位置和角度至图9-53所示。

19 单击"球体"按钮，如图9-54所示，在场景中创建一个球体模型。

20 在"属性"面板中，设置球体的"半径"为5cm，如图9-55所示。

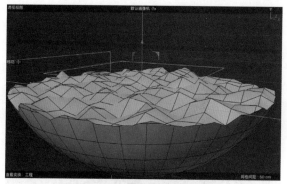
图9-53

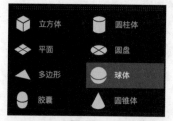
图9-54

图9-55

图9-57

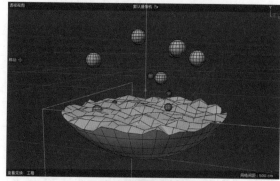
图9-58

图9-56

图9-59

21 在"对象"面板中，设置球体模型为发射器的子对象，如图9-56所示。

22 选择发射器，在"属性"面板中的"粒子"组中，设置"视窗生成比率"为4、"渲染器生成比率"为4、"速度"为25cm、"变化"为100%、终点缩放的"变化"为100%，勾选"显示对象"复选框，如图9-57所示。

23 设置完成后，播放动画，粒子的发射效果如图9-58所示。

24 选择发射器，单击"追踪对象"按钮，如图9-59所示，可以将所选择的发射器作为追踪对象的追踪链接。

25 播放动画，我们可以看到粒子上升时还会产生拖尾效果，如图9-60所示。

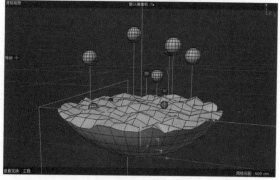
图9-60

26 单击"体积生成"按钮，如图9-61所示，在场景中创建一个体积生成对象。

27 在"对象"面板中，将布尔、发射器和追踪对象均设置为体积生成的子对象，如图9-62所示。

图9-61　　　　　图9-62

28 设置完成后，体积生成对象的视图显示结果如图9-63所示。

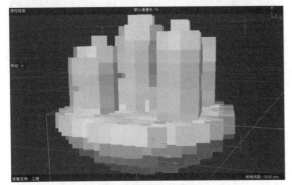

图9-63

29 在"对象属性"组中，设置"体素尺寸"为3cm，如图9-64所示。

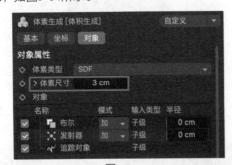

图9-64

30 单击"体积网格"按钮，如图9-65所示，在场景中创建一个体积网格对象。

31 在"对象"面板中，将体积生成对象设置为体积网格的子对象，如图9-66所示。

32 设置完成后，体积网格的视图显示结果如图9-67所示。

图9-65

图9-66

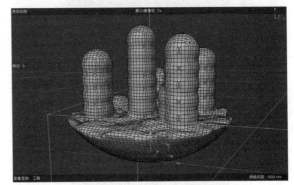

图9-67

33 选择体积生成对象，在"对象属性"组中，选择追踪对象后，设置"半径"为3cm、"密度"为1，如图9-68所示。

图9-68

34 设置完成后，体积网格的视图显示结果如图9-69所示。

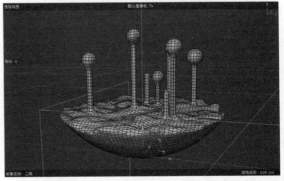

图9-69

35 单击"平滑"按钮,如图9-70所示,在场景中创建一个平滑对象。

图9-70

36 在"对象"面板中,将平滑设置为体积网格的子对象,如图9-71所示。

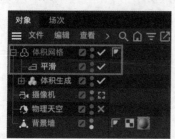

图9-71

37 设置完成后,体积网格的视图显示结果如图9-72所示。

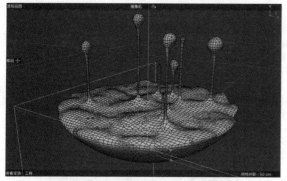

图9-72

38 设置完成后,播放动画,本实例制作完成的动画效果如图9-73所示。

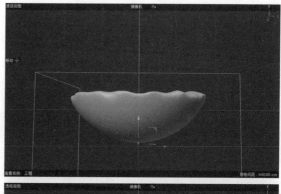

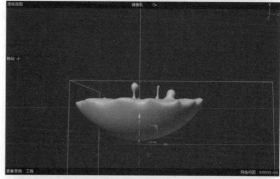

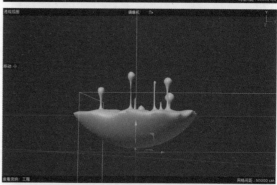

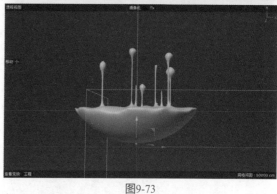

图9-73

技巧与提示✦

读者制作完本实例后,还可以尝试提高发射器的"视窗生成比率"和"渲染器生成比率"值,这样可以得到细节更加丰富的液体上升效果,如图9-74所示。

图9-74

9.2.4 实例：制作液体流动动画

本例使用粒子动画技术制作一个液体向四周随意流动的动画效果，图9-75所示为本实例的最终完成效果。

01 启动中文版Cinema 4D 2023软件，并打开本书配套资源"液体流动场景.c4d"文件，如图9-76所示。

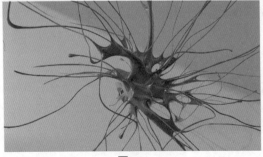

图9-75

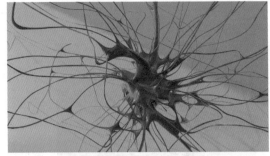

图9-75（续）

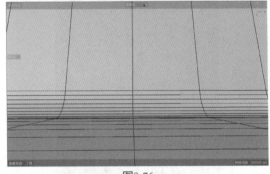

图9-76

02 将场景中的背景墙隐藏起来，执行菜单栏"模拟"｜"发射器"命令，在场景中创建一个粒子发射器，如图9-77所示。

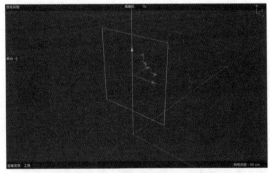

图9-77

03 在"属性"面板中的"发射器"组中，设置"水平尺寸"为0cm、"垂直尺寸"为0cm、"水平角度"为360°、"垂直角度"为180°，如图9-78所示。

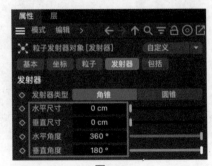

图9-78

04 设置完成后，播放动画，我们可以看到粒子将从一个点向四周进行发射，如图9-79所示。

图9-79

05 单击"球体"按钮，如图9-80所示，在场景中创建一个球体模型。

图9-80

06 在"属性"面板中，设置球体的"半径"为5cm，如图9-81所示。

图9-81

07 在"对象"面板中，设置球体模型为发射器的子对象，如图9-82所示。

图9-82

08 选择发射器，在"属性"面板中的"粒子"组中，设置"视窗生成比率"为50、"渲染器生成比率"为50、"投射终点"为50F、"速度"为100cm、

"变化"为100%、终点缩放的"变化"为100%，勾选"切线"和"显示对象"复选框，如图9-83所示。

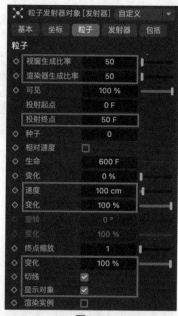

图9-83

09 设置完成后，播放动画，粒子的动画效果如图9-84所示。

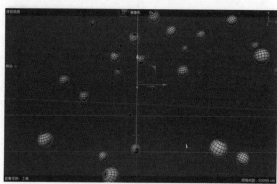

图9-84

10 选择发射器，单击"追踪对象"按钮，如图9-85所示，可以将所选择的发射器作为追踪对象的追踪链接，如图9-86所示。

图9-85

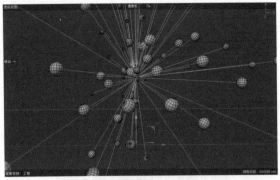

图9-86

11 执行菜单栏"模拟"|"力场"|"湍流"命令，即可在"对象"面板中看到场景中多了一个湍流，如图9-87所示。

图9-87

12 在"属性"面板中的"对象属性"组中，设置"强度"为300cm、"缩放"为50%、"频率"为500%，如图9-88所示。

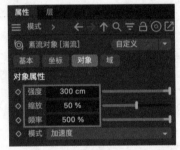

图9-88

13 设置完成后，播放动画，粒子的动画效果如图9-89所示。

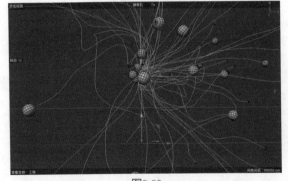

图9-89

14 单击"体积生成"按钮，如图9-90所示，在场景中创建一个体积生成对象。

图9-90

15 在"对象"面板中，将发射器和追踪对象均设置为体积生成的子对象，如图9-91所示。

图9-91

16 在"对象属性"组中，设置"体素尺寸"为3cm，如图9-92所示。

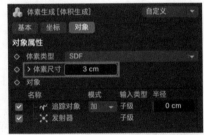

图9-92

17 设置完成后，体积生成对象的视图显示结果如图9-93所示。

图9-93

18 单击"体积网格"按钮，如图9-94所示，在场景中创建一个体积网格对象。

图9-94

19 在"对象"面板中，将体积生成设置为体积网格的子对象，如图9-95所示。

图9-95

20 设置完成后，体积网格的视图显示结果如图9-96所示。

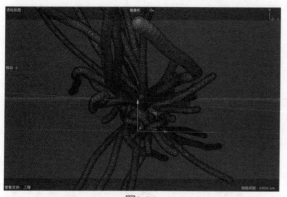

图9-96

21 选择体积生成对象，在"对象属性"组中，选择追踪对象后，设置"半径"为5cm、"密度"为0.5，如图9-97所示。

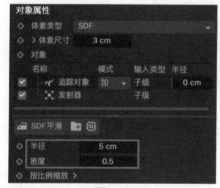

图9-97

22 设置完成后，体积网格的视图显示结果如图9-98所示。

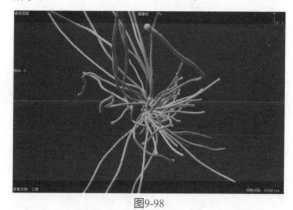

图9-98

23 单击"平滑"按钮，如图9-99所示，在场景中创建一个平滑对象。

图9-99

24 在"对象"面板中，将平滑设置为体积网格的子对象，如图9-100所示。

图9-100

25 在"对象属性"组中，设置"迭代"为40，如图9-101所示。

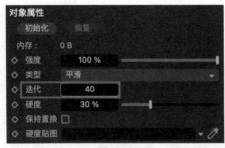

图9-101

26 设置完成后，体积网格的视图显示结果如图9-102所示。

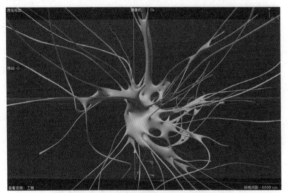

图9-102

27 本实例制作完成的动画效果如图9-103所示。

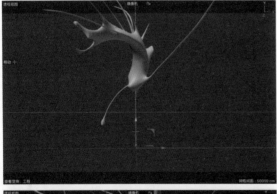

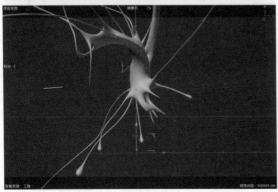

图9-103

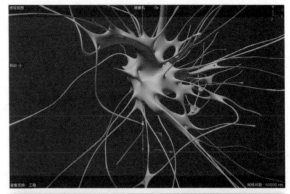

图9-103（续）

9.2.5 实例：制作树叶飘落动画

本例将使用粒子动画技术来制作一个树叶飘落的动画效果，图9-104所示为本实例的最终完成效果。

图9-104

图9-104（续）

01 启动中文版Cinema 4D 2023软件，并打开本书配套资源"树叶.c4d"文件，里面有两片颜色略有不同的树叶模型，如图9-105所示。

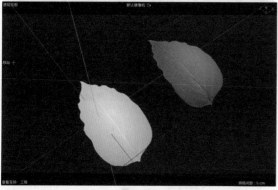

图9-105

02 执行菜单栏"模拟"｜"发射器"命令，在场景中创建一个粒子发射器，并在"坐标"组中，设置P.Y为250cm，如图9-106所示。

图9-106

03 设置完成后，播放场景动画，我们可以看到粒子的动画效果如图9-107所示。

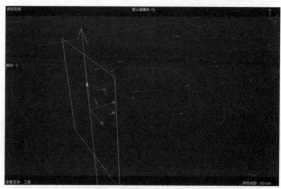

图9-107

04 在"对象"面板中，设置场景中的两片树叶模型为发射器的子对象，如图9-108所示。

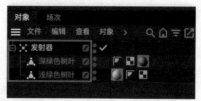

图9-108

05 选择发射器，在"属性"面板中的"粒子"组中，设置"视窗生成比率"为50、"渲染器生成比率"为50、"速度"为72cm、"变化"为100%、"旋转"为42°、"变化"为100%、终点缩放的"变化"为100%，勾选"显示对象"复选框，如图9-109所示。

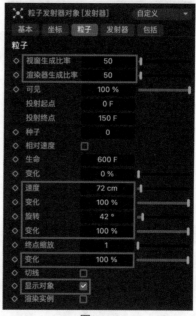

图9-109

06 设置完成后，播放动画，粒子动画的视图显示结果如图9-110所示。

07 执行菜单栏"模拟"｜"力场"｜"重力场"命

令，在场景中创建一个重力场，如图9-110所示。

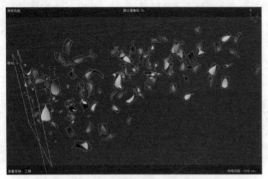

图9-110

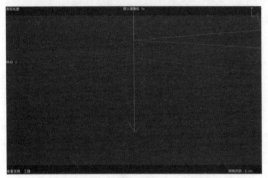

图9-111

08 选择重力场，在"对象属性"组中，设置"加速度"为30cm，如图9-112所示。

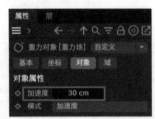

图9-112

09 设置完成后，播放动画，本实例制作完成的动画效果如图9-113所示。

10 单击"物理天空"按钮，如图9-114所示。在场景中创建一个物理天空灯光。

11 单击软件界面上方的"编辑渲染设置"按钮，如图9-115所示。

图9-113

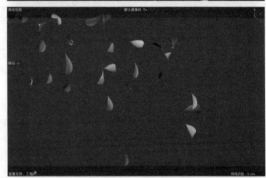

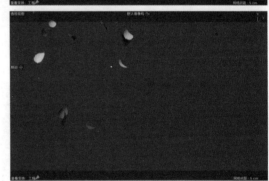

图9-113（续）

图9-114

图9-115

12 在打开的"渲染设置"面板中，单击"效果"按钮，如图9-116所示。

图9-116

13 在弹出的菜单中勾选"全局光照"复选框,设置完成后,软件在渲染图像时会开启全局光照计算,设置"预设"为"外部-物理天空",如图9-117所示。

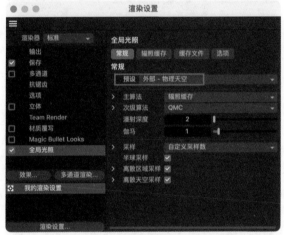

图9-117

14 设置"渲染器"为"物理",并勾选"运动模糊"复选框,如图9-118所示。

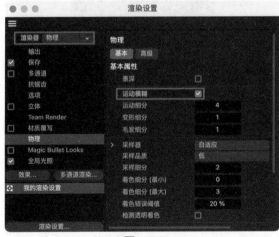

图9-118

15 设置完成后,渲染场景,渲染结果如图9-119所示。

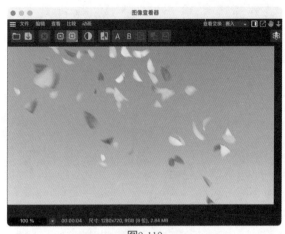

图9-119

9.2.6 实例:制作画线成球动画

本例将使用粒子动画技术来制作一个画线成球的动画效果,图9-120所示为本实例的最终完成效果。

图9-120

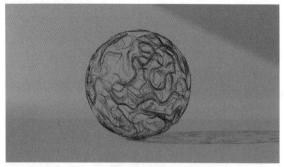

图9-120（续）

01 启动中文版Cinema 4D 2023软件，并打开本书配套资源"画线成球场景.c4d"文件，如图9-121所示。

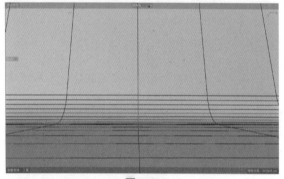

图9-121

02 单击"球体"按钮，如图9-122所示，在场景中创建一个球体模型。

图9-122

03 在"属性"面板中，设置"半径"为70cm、"分段"为64、"类型"为"二十面体"，如图9-123所示。

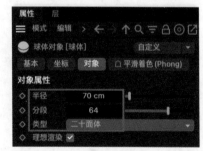

图9-123

04 设置完成后，移动球体模型的位置至图9-124所示。

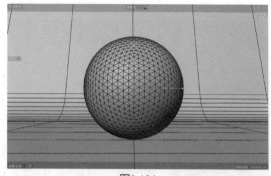

图9-124

05 将场景中除了球体的其他对象全部隐藏起来后，单击"矩阵"按钮，如图9-125所示。在场景中创建一个矩阵，如图9-126所示。

图9-125

06 在"属性"面板中，设置"模式"为"对象"、"生成"为Thinking Particles、"对象"为场景中名称为"球体"的球体模型、"数量"为100，如图9-127所示。

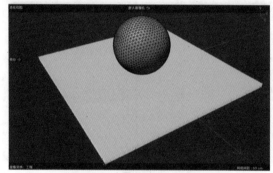

图9-126

图9-127

07 设置完成后，我们可以在球体模型上观察到矩阵和粒子，如图9-128所示。

图9-128

08 单击"体积生成"按钮，如图9-129所示，在场景中创建一个体积生成对象。

09 在"属性"面板中，设置"体素类型"为"矢量"、"体素尺寸"为1cm，并将"球体"设置为体积生成的对象，如图9-130所示。

图9-129   图9-130

10 设置完成后，体积生成的视图显示结果如图9-131所示。

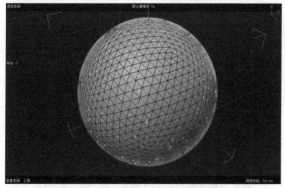

图9-131

11 执行菜单栏"模拟"|"力场"|"域力场"命令，即可在"对象"面板中看到多了一个域力场，如图9-132所示。

12 在"属性"面板中，设置"速率类型"为"设置绝对速率"、"强度"为300，并将"对象"面板中的体积生成对象拖至"属性"面板中"域"下方的文

本框中，如图9-133所示。

图9-132

图9-133

13 单击"空白"按钮，如图9-134所示，创建一个空白对象。

14 在"对象"面板中，选择空白对象，右击并在弹出的快捷菜单中执行"编程标签"|XPresso命令，设置完成后，空白后方会出现XPresso标签，如图9-135所示。

图9-134   图9-135

15 在系统自动弹出的"XPresso编辑器"面板中，右击并在弹出的快捷菜单中执行"新建结点"|Thinking Particles|"TP创建体"|"粒子传递"命令，如图9-136所示。在工作区中添加一个"粒子传递"结点。

16 右击并在弹出的快捷菜单中执行"新建结点"|Thinking Particles|"TP动态项"|"PForce对象"命令，如图9-137所示。在工作区中添加一个"PForce对象"结点。

17 设置完成后，将"域力场"添加至"PForce对象"结点中，并将"粒子传递"结点连接至"PForce对象"结点上，如图9-138所示。

图9-136

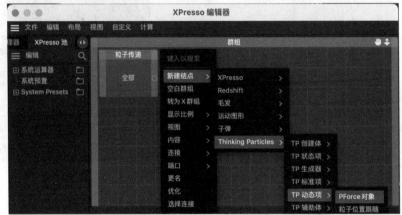

图9-137

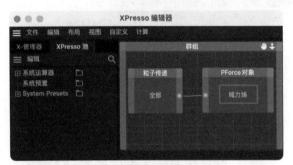

图9-138

18 单击"随机域"按钮,如图9-139所示,在场景中创建一个随机域。

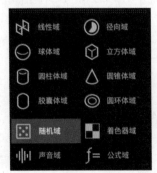

图9-139

19 选择体积生成,在"对象属性"组中,将"随机域"添加至"对象"下方的文本框中,并设置"模式"为"穿过"、"创建空间"为"对象以下",如图9-140所示。

图9-140

20 选择随机域,在"域"组中,设置"比例"为200%,如图9-141所示。

21 设置完成后,播放动画,即可看到粒子在球体表面产生了随机的位移效果,如图9-142所示。

图9-141

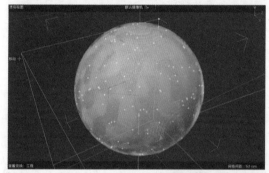

图9-142

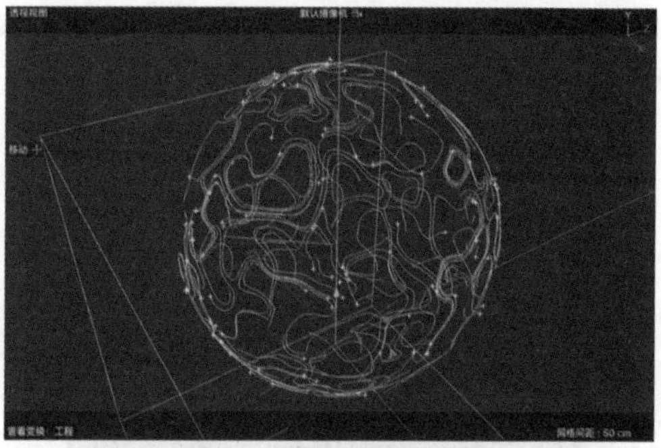

图9-145

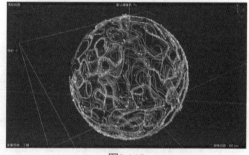

图9-146

22 选择矩阵，单击"追踪对象"按钮，如图9-143所示。

23 在"对象属性"组中，设置"类型"为"B-样条"、"点插值方式"为"自动适应"，如图9-144所示。

24 设置完成后，隐藏体积生成和球体模型，追踪对象所产生的线条如图9-145所示。

25 选择矩阵，在"对象属性"组中，设置"数量"为500，如图9-146所示。

26 设置完成后，我们可以观察到场景中的线条明显增加了，如图9-147所示。

27 在"对象"面板中，选择追踪对象，右击并在弹出的快捷菜单中执行"烘焙为Alembic"命令，这时系统会自动弹出"正在导出Alembic"对话框，如图9-148所示。

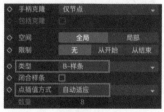

图9-143

图9-144

图9-147

图9-148

28 导出完成后，在"对象"面板中会出现一个C4dObject对象，如图9-149所示。

29 现在可以将场景中的追踪对象、随机域、空白、域力场、体积生成、矩阵、球体全部删除，如图9-150所示。

图9-149   图9-150

30 单击"扫描"按钮，如图9-151所示，在场景中创建一个扫描对象。

图9-151

31 单击"圆环"按钮，如图9-152所示，在场景中创建一个圆环图形。

图9-152

32 在"属性"面板中，设置圆环的"半径"为0.2cm，如图9-153所示。

33 在"对象"面板中，将圆环和C4dObject设置为扫描的子对象，如图9-154所示，得到如图9-155所示的模型结果。

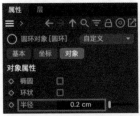

图9-153　　　　图9-154

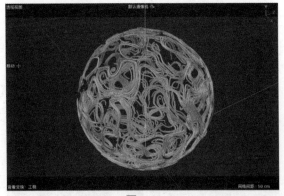

图9-155

34 本实例制作完成的动画效果如图9-156所示。

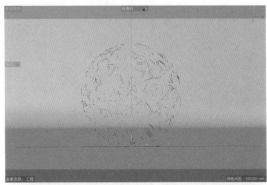
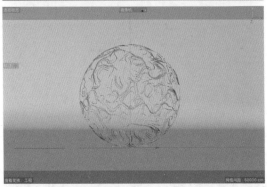
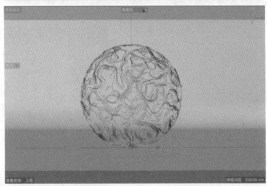
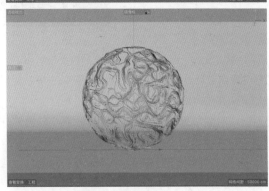

图9-156

技巧与提示

　　读者学习完该实例，可以考虑将球体换成其他模型，就可以得到更多对应的画线成球效果。